建筑施工门式起重机安全管理图解指南

主编单位　　深圳市市政工程质量安全监督总站
　　　　　　深圳市金鼎安全技术有限公司

U0391534

中国建筑工业出版社

图书在版编目（CIP）数据

建筑施工门式起重机安全管理图解指南／深圳市市
政工程质量安全监督总站，深圳市金鼎安全技术有限公司
主编单位. —— 北京：中国建筑工业出版社，2023.12
　　ISBN 978-7-112-29368-1

　　Ⅰ．①建…　Ⅱ．①深…②深…　Ⅲ．①门式起重机-
安全管理-图解　Ⅳ．①TH213.4-64

　　中国国家版本馆 CIP 数据核字（2023）第 233455 号

责任编辑：徐仲莉　张　磊
责任校对：张　颖
校对整理：赵　菲

建筑施工门式起重机安全管理图解指南
主编单位　　深圳市市政工程质量安全监督总站
　　　　　　深圳市金鼎安全技术有限公司

*

中国建筑工业出版社出版、发行（北京海淀三里河路 9 号）
各地新华书店、建筑书店经销
北京科地亚盟排版公司制版
北京富诚彩色印刷有限公司印刷

*

开本：787 毫米×1092 毫米　1/16　印张：12¾　字数：309 千字
2023 年 12 月第一版　　2023 年 12 月第一次印刷
定价：88.00 元
ISBN 978-7-112-29368-1
（42044）

编 委 会

主　任：宋　延

副主任：柏　磊　李伟雄　李伟波

委　员：李浩军　黄冬生　朱奋发　汪全信　范艳坤

编 写 组

主　　编：李伟波　柏　磊　彭海真　蒋桂山　连保康

执行主编：于南平　杨明新　梁景业　周路鸣　黄晓峰

编撰人员：关　力　张　欣　江　峰　王天宝　陈泽波　邹　伟

　　　　　周　武　龙文进　王志远　谢长江　谢　雄　聂宏伟

　　　　　黄尚坤　毛　晔　毛志林　蒋凤玉　张鹏鹏　张　振

　　　　　毛国来　李继超　韩明玉　张　锋　黄鑫琢　钟日亮

　　　　　杨玉林　孔令森　姚晓祎　陈铁骑　袁长安　汪思海

　　　　　任长河　张　靖　孙跃众　李俊文

主编单位：深圳市市政工程质量安全监督总站

　　　　　深圳市金鼎安全技术有限公司

参编单位：中国建设基础设施有限公司

　　　　　中铁南方投资集团有限公司

　　　　　中电建南方建设投资有限公司

　　　　　中铁建南方建设投资有限公司

　　　　　中交（深圳）工程局有限公司

　　　　　深圳市华力特起重机械设备有限公司

前　言

　　门式起重机作为常用起重机械设备之一，具有结构简单、操作方便、稳定性好、适用范围广等特点，是一种常见且高效的起重设备，目前广泛用于轨道交通、城际铁路及市政工程建设领域。在室外作业的门式起重机，由于受大风等灾害天气、设备和人员管理不到位等因素影响，容易发生诸如超负荷操作、起重物体不稳定、受力构件老化磨损、人员违章操作、电气故障等状况，进而造成门式起重机倾覆、起重伤害、机械伤害、物体打击等险情或事故，需要进一步提高门式起重机的安全管理水平。

　　本书从门式起重机的周边环境条件、安全管理资料、设备设施部件、安全监控系统和相关问题探讨五个方面的安全管理做了详细介绍，特别是在抗风防滑、安全监控、相关问题上提出独到见解。采用文字描述检查要点、常见隐患、检查方法等，结合检查图例、隐患图例的展现形式，具有案例丰富、针对性强、简单明了、通俗易懂的特点，便于施工现场管理人员和监管人员掌握安全管理要点，提高企业隐患排查能力，防止起重伤害事故，提升门式起重机的安全管理水平，具有较强的指导性和实用性。

　　本书编写过程中得到深圳市住房和建设局的大力支持，由深圳市市政工程质量安全监督总站、深圳市金鼎安全技术有限公司组织编写，中国建设基础设施有限公司、中铁南方投资集团有限公司、中电建南方建设投资有限公司、中铁建南方建设投资有限公司、中交（深圳）工程局有限公司、深圳市华力特起重机械设备有限公司共同参与编写。本书经过行业内多位知名专家、学者审阅，提出了宝贵意见，在此，对所有参编人员表示衷心的感谢。

　　由于时间仓促，本书在编写中的疏漏和不足之处在所难免，真诚希望读者提出宝贵意见。

目　录

第1章

周边环境条件

1.1 天　气

项目	1.1 天气
检查内容及要求	1. 作业中无雨、雾等不利的气象状况;工作风压不应大于:内陆150Pa,相当于5级风速8.0~10.7m/s,沿海250Pa,相当于6级风速10.8~13.8m/s,环境温度不超过+40°C或不低于−20°C; 2. 大型起重机械严禁在雨、雾、霾、沙尘等低能见度天气时进行安装(拆卸)作业; 3. 起重机械最高处的风速超过9.0m/s时,应停止起重机安装(拆卸)作业
规范标准及相关规定	《建筑与市政施工现场安全卫生与职业健康通用规范》GB 55034—2022 第3.4.7条; 《通用门式起重机》GB/T 14406—2011 第5.1.6条
主要关注点	1. 在雨、雾、霾、沙尘等低能见度天气作业; 2. 工作风速大于9.0m/s; 3. 工作风压大于250Pa(深圳地区相当于6级风)
检查方法	目测检查、仪器测量
检查图例	 大雨天气停止作业　　防风铁楔

1.2　防倾覆范围

项目	1.2 防倾覆范围
检查内容及要求	1.门式起重机运行轨道两端方向与建(构)筑物(见节末备注)的安全距离不应小于起重机高度的2倍; 2.门式起重机在限定的场地内运行,应设置停机线,停机线应用黄黑相间的警示色进行标示。门式起重机位于停机位时,其主体结构倾覆范围应避开板房、仓库等可供人员滞留的临时设施
规范标准及相关规定	《广东省建筑起重机械防御台风安全技术指引》(试行)第4.4.1条; 《建筑起重机械防台风安全技术规程》SJG 55—2019 第5.1.2条
主要关注点	门式起重机倾覆,波及人员滞留场所
检查方法	目测检查、仪器测量
检查图例	

| 检查图例 | 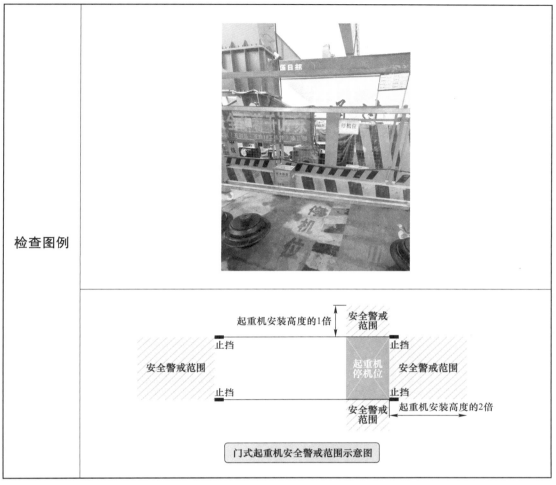
门式起重机安全警戒范围示意图 |

备注：

建（构）筑物分为：临时设施和其他固定设施。

（1）门式起重机运行轨道两端方向门机高度 2 倍范围内有：

临时设施：板房，仓库，门卫岗亭，观摩展示馆，茶水/吸烟厅，钢筋加工棚，水泥罐，集装箱，危险品存储区（乙炔、氧气）等，临时设施拆除后方可继续作业。

其他固定设施：外部公厕，居民楼，超市，仓库，地铁出入口，公交站台等。固定设施应拆除，无法拆除的，需采取措施封闭出入口并张贴封条后继续作业。

（2）停机位门式起重机安全警戒范围内有：

（原有建筑应避开）板房，仓库，门卫岗亭，观摩展示馆，茶水/吸烟厅，钢筋加工棚，集装箱，危险品存储区（乙炔、氧气）等临时设施。

1.3　与架空线的距离

项目	1.3 与架空线的距离
检查内容及要求	1.起重机械馈电裸滑线与周围设备的安全距离应符合标准规定,否则应采取安全防护措施; 2.起重机工作时,吊具、辅具、钢丝绳、缆风绳及载荷等,与输电线的最小距离应符合标准规定; 3.任何单位和个人需要在依法划定的电力设施保护区内进行可能危及电力设施安全的作业时,应当经电力管理部门批准并采取安全措施后,方可进行作业
规范标准及相关规定	《起重机械安全规程 第1部分:总则》GB 6067.1—2010 第15.3条; 《中华人民共和国电力法》第53条、第54条、第55条
主要关注点	门式起重机运行,起重机上部与高压线距离偏小,产生穿弧
检查方法	目测检查、仪器测量

检查图例	起重机馈电裸滑线与周围设备的安全距离				
	项目		安全距离(mm)		
	距地面高度		>3500		
	距汽车通道高度		>6000		
	距一般管道		>1000		
	距氧气管道及设备		>1500		
	距易燃气体及液体管道		>3000		
	起重机与输电线的最小距离				
	输电线电压(V/kV)	<1	1~20	35~110	154	220	330
	最小距离(m)	1.5	2	4	5	6	7

检查图例		
	门式起重机安装位置应该避开或远离高压线	与架空线路的安全距离应满足要求

1.4　界　　限

项目	1.4 界限
检查内容及要求	1.门式起重机轨行区内外两侧必须设置硬性防护,防护栏杆应定型化、工具化、连续设置,护栏的任何部位应能承受任何方向的 1000N 的外力;轨行区内外两侧应设置警示标识; 2.运行区域内起重机结构与周边固定障碍物间的最小距离大于 0.1m,与检修人员通道最小距离大于 0.5m
规范标准及相关规定	《起重机械安全规程 第 1 部分:总则》GB 6067.1—2010 第 3.8.2 条、第 10.2 条; 《施工现场机械设备检查技术规范》JGJ 160—2016 第 7.6.2 条
主要关注点	门式起重机与固定物体之间安全距离不足
检查方法	目测检查、仪器测量
检查图例	 人员通道 轨道两侧防护 硬性防护　起重机 没有人行道,起重机与固定物体之间间隙大于0.1m 硬性防护 没有人行道,起重机与固定物体之间间隙大于0.1m 起重机　硬性防护 有维修通道,起重机与固定物体之间间隙大于0.5m

隐患图例

运行电机运行轨迹内障碍物

滑触线集电器架

杂草干扰安全滑线正常使用

大车运行电机

导电滑触线

轨道

杂草遮挡运行轨道

轨道上有杂物

轨道上有杂物

1.5 安装环境条件确认

项目	1.5 安装环境条件确认
检查内容及要求	施工总承包单位、监理单位应对门式起重机安装环境进行检查,填写安装门式起重机相关安全条件确认表,盖章确认
规范标准及相关规定	《建筑起重机械防台风安全技术规程》SJG 55—2019 第 3.4.4 条; 《起重设备安装工程施工及验收规范》GB 50278—2010 第 2.0.1.5 条
主要关注点	缺少检查,安装环境不符合要求
检查方法	资料审查
检查图例	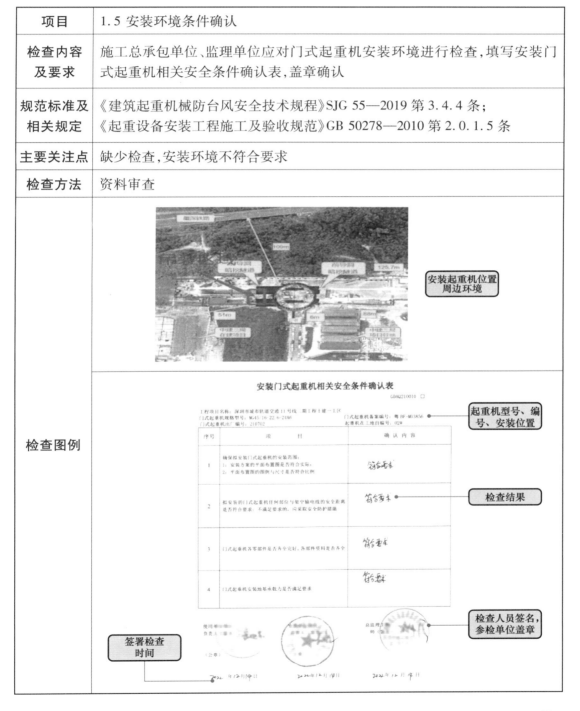

第 2 章

安全管理资料

2.1 设备资料

项目	2.1.1 门式起重机
检查内容及要求	1. 特种设备使用单位应当使用符合安全技术规范要求的特种设备。不得使用未取得许可制造、国家明令淘汰、禁止制造或者强制报废的特种设备及相关产品;不得使用不符合安全技术标准或者超过制造厂家规定的使用年限的;不得使用经检验达不到安全技术标准规定的;不得使用没有完整安全技术档案的;不得使用没有齐全有效的安全保护装置的;不得超过允许工作参数使用起重机。 2. 在用的特种设备是国家明令淘汰的属于特种设备严重事故隐患
规范标准及相关规定	《建筑起重机械安全监督管理规定》(建设部令第 166 号)第 7 条; 《深圳经济特区特种设备安全条例》第 16 条、第 22 条; 《起重机械安全规程 第 5 部分 桥式和门式起重机》GB 6067.5—2014; 《特种设备事故隐患分类分级》T/CPASE GT 007—2019
主要关注点	起重机结构不合理,强度低,稳定性差,制造质量不符合标准要求
检查方法	资料审查
检查图例	

项目	2.1.2 生产许可证、型式试验合格证
检查内容及要求	起重机制造单位必须持有特种设备主管部门颁发的生产许可证书、整机型式试验合格证。证件必须覆盖被检产品的生产日期、设备型号规格。2006 ~ 2014 年出厂产品应出具起重机械监督检验证书
规范标准及相关规定	《建筑起重机械安全监督管理规定》(建设部令第 166 号)第 9 条;《特种设备安全法》第 18 条
主要关注点	无生产许可证,超范围制造
检查方法	资料审查
检查图例	

项目	2.1.3　合格证、质量证明书、结构图
检查内容及要求	1. 设备出厂资料包括:总图、主要受力结构件图、机械传动图、电气原理图、液压或者气动系统原理图、产品合格证、产品质量证明书、产品使用说明书、产品使用补充说明书(深圳版)等; 2. 产品合格证应有出厂编号、出厂日期、规格型号等重要信息;质量证明书包含产品合格证、产品技术特性信息、主要受力结构件材料信息、主要零部件规格、安全保护装置规格、出厂检验报告、型式试验合格证书等
规范标准及相关规定	《建筑起重机械安全监督管理规定》(建设部令第 166 号)第 6 条; 《建筑起重机械防台风安全技术规程》SJG 55—2019 第 3.3.2 条; 《起重机械安全技术规程》TSG 51—2023 第 2.2.2 条、第 3.2.4 条
主要关注点	技术档案不齐全
检查方法	资料审查
检查图例	

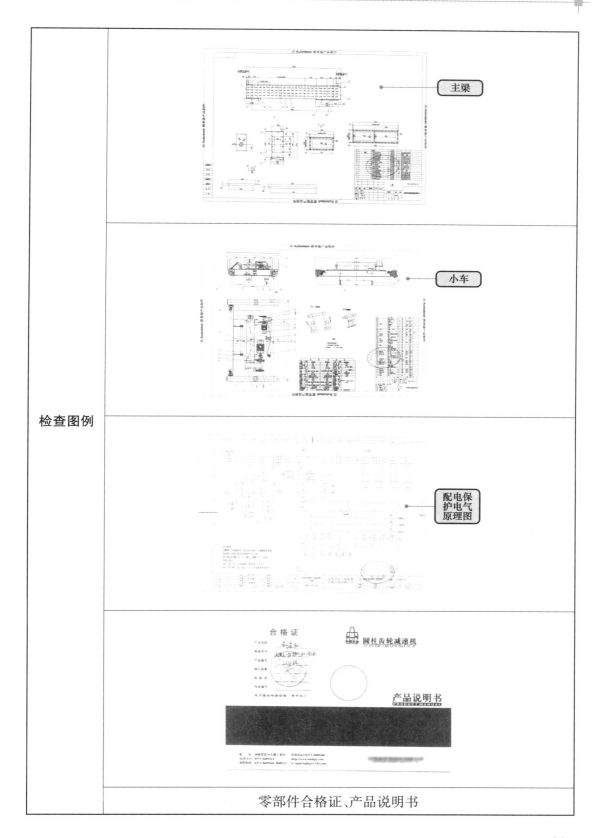

检查图例	
	主梁
	小车
	配电保护电气原理图
	零部件合格证、产品说明书

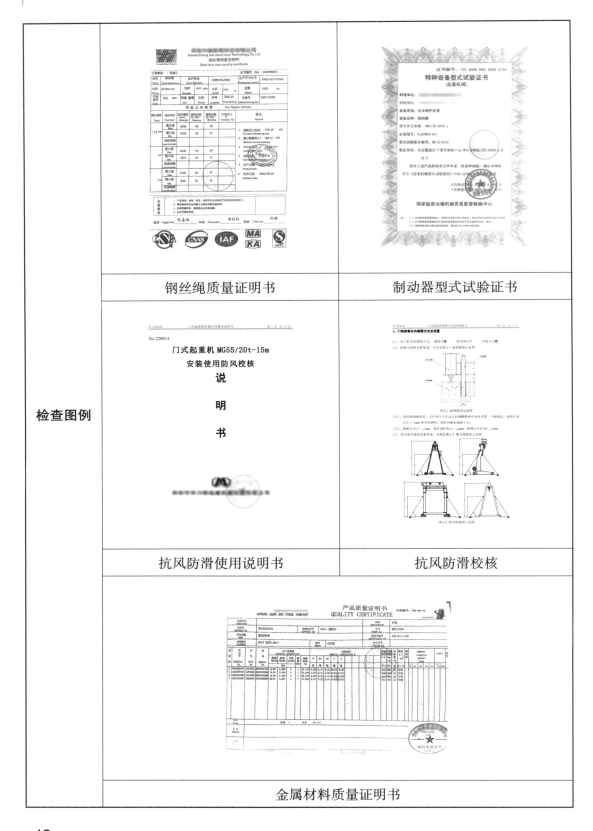

钢丝绳质量证明书	制动器型式试验证书
抗风防滑使用说明书	抗风防滑校核

检查图例

金属材料质量证明书

项目	2.1.4 备案证
检查内容及要求	起重机应备案登记。出租单位在建筑起重机械首次出租前,自购建筑起重机械的使用单位在建筑起重机械首次安装前,应当持建筑起重机械特种设备生产许可证、产品合格证等相关资料到本单位工商注册所在地县级以上地方人民政府建设主管部门办理备案或登记
规范标准及相关规定	《建筑起重机械安全监督管理规定》(建设部令第 166 号)第 5 条
主要关注点	未备案投入使用
检查方法	资料审查
检查图例	

项目	2.1.5 维护保养
检查内容及要求	1. 门式起重机械的维护保养作业,应当委托依法取得许可的单位开展。维护保养单位应按照使用说明书要求及相关规定开展维护保养作业(新装设备除外),并如实做好维保记录; 2. 应根据每台起重机械的工作级别、工作环境及使用状态,确定计划性维护的内容和周期,并加以实施。应在发生故障后或根据日常检查、定期检查、特殊检查的结果,对发现的缺陷,确定非计划性维护的内容和要求,并加以实施; 3. 维护保养人员每次不得少于2人(含机械、电气),维护保养记录必须加盖维护保养单位公章,并附有维护保养过程的记录。专业监理工程师、使用单位机械员在维护保养记录上签字确认
规范标准及相关规定	《建筑起重机械安全监督管理规定》(建设部令第166号)第9条、第19条; 《起重机械检查与维护规程 第1部分:总则》GBT 31052.1—2014 第6.1条、第6.2条
主要关注点	带病作业
检查方法	资料审查
检查图例	

2.2 安装（拆卸）资料

项目	2.2.1 安装合同、安全协议
检查内容及要求	1.门式起重机械使用单位和安装单位应当在签订的建筑起重机械安装、拆卸合同中明确双方的安全生产责任,确定设备的型号规格、出厂编号等重要信息; 2.实行施工总承包的,施工总承包单位应当与安装单位签订建筑起重机械安装、拆卸工程安全协议书
规范标准及相关规定	《建筑起重机械安全监督管理规定》（建设部令第 166 号）第 11 条
主要关注点	规格型号不一致,未落实安全责任
检查方法	资料审查
检查图例	 设备规格型号,出厂编号 门式起重机安装位置 双方权利义务责任 双方法人签名盖章

项目	2.2.2 租赁合同
检查内容及要求	出租单位应当在签订的建筑起重机械租赁合同中,明确租赁双方的安全责任和其他重要事项(如明确设备的规格型号、出厂编号,关于特种设备操作人员的聘用等事项),并出具建筑起重机械特种设备制造许可证、产品合格证、制造监督检验证明、备案证明和自检合格证明,提交安装使用说明书
规范标准及相关规定	《建筑起重机械安全监督管理规定》(建设部令第 166 号)第 6 条
主要关注点	设备规格型号与租赁合同中出租设备不一致
检查方法	资料审查
检查图例

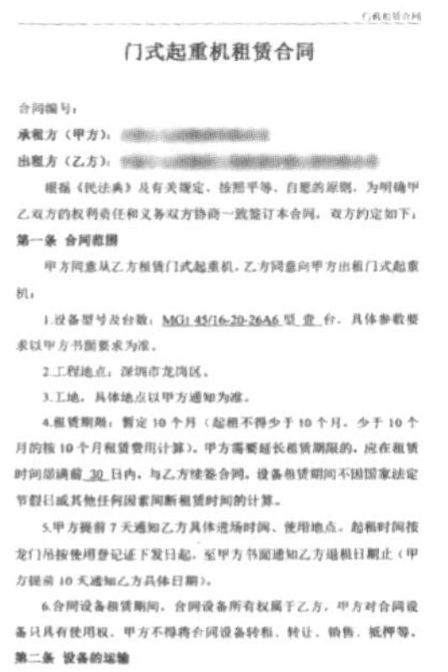

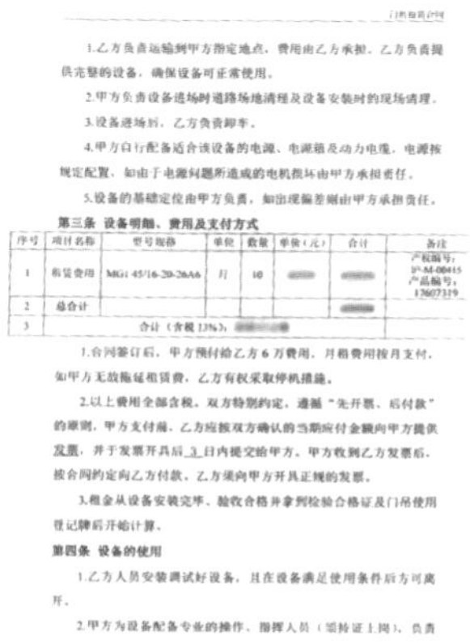

设备规格参数　　　　　注明特种作业人员由哪方提供

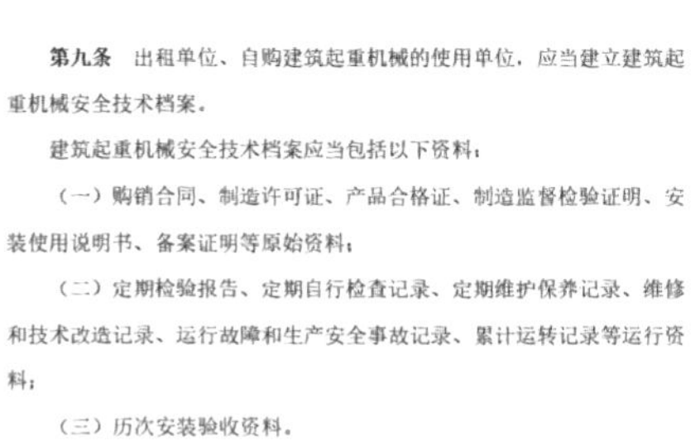

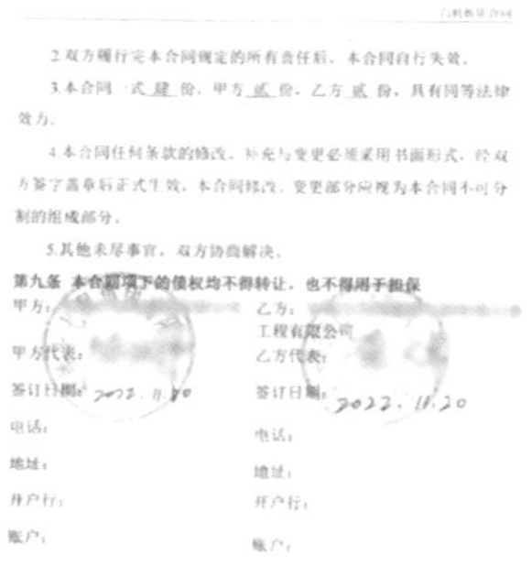

完整的技术档案资料　　　　　双方法人签名盖章 |

项目	2.2.3 安拆单位资质
检查内容及要求	1. 从事建筑起重机械安装、拆卸活动的单位应当依法取得建设主管部门颁发的相应资质和建筑施工企业安全生产许可证，并在其资质许可范围内承揽建筑起重机械安装、拆卸工程； 2. 建筑施工企业未取得安全生产许可证擅自从事建筑施工活动，应判定为重大事故隐患
规范标准及相关规定	《建筑起重机械安全监督管理规定》（建设部令第 166 号）第 10 条 《房屋市政工程生产安全重大事故隐患判定标准（2022 版）》第 4 条
主要关注点	缺少安装资质或过期
检查方法	资料审查
检查图例	  14.4　承包工程范围 14.4.1　一级资质 　可承担塔式起重机、各类施工升降机和门式起重机的安装与拆卸。 14.4.2　二级资质 　可承担 3150 千牛·米以下塔式起重机、各类施工升降机和门式起重机的安装与拆卸。 14.4.3　三级资质 　可承担 800 千牛·米以下塔式起重机、各类施工升降机和门式起重机的安装与拆卸。 改革过程中，取消3级资质 资质等级与承缆工程范围

项目	2.2.4 安拆人员证件
检查内容及要求	1. 安装单位管理人员、特种设备作业人员应取得建设主管部门考核合格的资格证书;管理人员、特种设备作业人员应在有效期内开展允许项目的作业; 2. 门式起重机安装(拆卸)每班工种配置应不少于 1 名项目负责人、1 名专职安全员、1 名专业技术人员、4 名安装拆卸工、1 名司机、1 名司索信号工、1 名电工; 3. 施工单位的主要负责人、项目负责人、专职安全生产管理人员未取得安全生产考核合格证书从事相关工作、建筑施工特种作业人员未取得特种作业人员操作资格证书上岗作业应判定为重大事故隐患
规范标准及相关规定	《建筑起重机械安全监督管理规定》(建设部令第 166 号)第 25 条; 《建筑起重机械防台风安全技术规程》SJG 55—2019 第 3.4.3 条; 《房屋市政工程生产安全重大事故隐患判定标准(2022 版)》第 4 条
主要关注点	无证上岗、违章作业
检查方法	资料审查
检查图例	

项目	2.2.5 技术交底
检查内容 及要求	安拆作业开始前,专项施工方案编制人员或者项目技术负责人应当向施工现场管理人员进行专项施工方案交底,方案交底应由双方签字确认;施工现场管理人员应当向作业人员进行安全技术交底,并由双方和项目专职安全管理人员共同签字确认
规范标准及 相关规定	《建筑起重机械安全监督管理规定》(建设部令第166号)第12条; 《广东省住房和城乡建设厅关于房屋市政工程危险性较大的分部分项工程安全管理的实施细则》(粤建规范〔2019〕2号)第17条
主要关注点	违章作业
检查方法	资料审查
检查图例	

项目	2.2.6 编制施工方案、应急预案
检查内容 及要求	1. 安装单位应按照安全技术标准及建筑起重机械性能要求,编制建筑起重机械安装、拆卸工程专项施工方案,并由本单位技术负责人签字;制定建筑起重机械安装、拆卸工程生产安全事故应急救援预案。 2. 施工单位应当在危险性较大的分部分项工程(简称危大工程)施工前组织工程技术人员,根据国家和地方现行相关标准规范,结合施工现场实际情况编制专项施工方案。同一单位工程同类别危大工程在不同位置采用相同施工工艺时,可集中编制专项施工方案。 3. 危险性较大的分部分项工程未编制、未审核专项施工方案应判定为重大事故隐患
规范标准及 相关规定	《建筑起重机械安全监督管理规定》(建设部令第 166 号)第 12 条; 《广东省住房和城乡建设厅关于房屋市政工程危险性较大的分部分项工程安全管理的实施细则》(粤建规范〔2019〕2 号)第 3 章
主要关注点	无施工方案施工
检查方法	资料审查
检查图例	第十二条　危大工程专项施工方案主要包括以下内容: 　　(一)工程概况:危大工程概况和特点、施工平面布置、场地及周边环境情况、施工要求和技术保证条件等; 　　(二)编制依据:相关法律、法规、规范性文件、标准、规范、操作规程及施工图设计文件、施工组织设计等; 　　(三)施工计划:包括施工进度计划、材料与设备计划等; 　　(四)施工工艺技术:技术参数、工艺流程、施工方法、操作要求、检查要求等; 　　(五)施工安全保证措施:组织保障措施、技术措施、监测监控措施等; 　　(六)施工管理及作业人员配备和分工:施工管理人员、专职安全生产管理人员、特种作业人员、其他作业人员等; 　　(七)验收要求:验收标准、验收程序、验收内容、验收人员等; 　　(八)应急处置措施; 　　(九)计算书、相关施工图纸及节点详图。 施工方案编写的主要内容	7.2.3 建筑施工生产安全事故应急预案应包括下列内容: 　　1 建筑施工中潜在的风险及其类别、危险程度; 　　2 发生紧急情况时应急救援组织机构与人员职责分工、权限; 　　3 应急救援设备、器材、物资的配置、选择、使用方法和调用程序;为保持其持续的适用性,对应急救援设备、器材、物资进行维护和定期检测的要求; 　　4 应急救援技术措施的选择和采用; 　　5 与企业内部相关职能部门以及外部(政府、消防、救险、医疗等)相关单位或部门的信息报告、联系方法; 　　6 组织抢险急救、现场保护、人员撤离或疏散等活动的具体安排等。 应急预案编写的主要内容

项目	2.2.7 专家论证
检查内容及要求	对于超过一定规模的危大工程应对专项施工方案进行论证： 1. 采用非常规起重设备、方法，且单件起吊重量在 100kN 及以上的起重吊装工程； 2. 起重量 300kN 及以上起重机械安装和拆卸工程； 3. 发生严重变形或事故的起重机械的拆除工程； 4. 利用原有建筑结构的特殊基础工程； 5. 未按规定组织专家对"超过一定规模的危险性较大的分部分项工程范围"的专项施工方案进行论证应判定为重大事故隐患
规范标准及相关规定	《广东省住房和城乡建设厅关于房屋市政工程危险性较大的分部分项工程安全管理的实施细则》（粤建规范〔2019〕2 号）第 14 条； 《房屋市政工程生产安全重大事故隐患判定标准（2022 版）》第 4 条
主要关注点	施工方案措施不当，现场情况与方案不符
检查方法	资料审查
检查图例	

项目	2.2.8 施工方案、应急预案审核
检查内容 及要求	1. 施工总承包单位：审核安装单位制定的建筑起重机械安装、拆卸工程专项施工方案和生产安全事故应急救援预案； 2. 监理单位：审核建筑起重机械安装、拆卸工程专项施工方案；监督安装单位执行建筑起重机械安装、拆卸工程专项施工方案情况
规范标准及 相关规定	《建筑起重机械安全监督管理规定》（建设部令第 166 号）第 20 条、第 21 条、第 22 条
主要关注点	措施不当，方案与现场情况不符
检查方法	资料审查
检查图例	

项目	2.2.9 安拆告知
检查内容及要求	1. 安装单位应提交专项施工方案、应急预案、管理人员和特种作业人员证件、安装单位资质证书、建筑起重机基础验收表、建筑起重机安装安全条件确认表、完善后的《建筑起重机械安装（拆卸）告知表》资料等； 2. 上述资料需报施工总承包单位和监理单位审核完成后，同时将安装合同、安全协议、租赁合同、产权备案证等相关资料告知建设主管部门
规范标准及相关规定	《建筑起重机械安全监督管理规定》（建设部令第166号）第12条
主要关注点	管理缺失
检查方法	资料审查
检查图例	

2.3　基础及验收

项目	2.3.1 基础承载力层勘探
检查内容及要求	1. 基础设计前应进行岩土工程勘探,确定是否存在影响施工场地稳定性的不利地质因素; 2. 建设单位应当依法提供真实、准确、完整的工程地质、水文地质、地下设施以及工程周边环境等资料
规范标准及相关规定	《广东省住房和城乡建设厅关于房屋市政工程危险性较大的分部分项工程安全管理的实施细则》(粤建规范〔2019〕2号)第5条、第6条、第7条
主要关注点	基础强度不足
检查方法	资料审查
检查图例	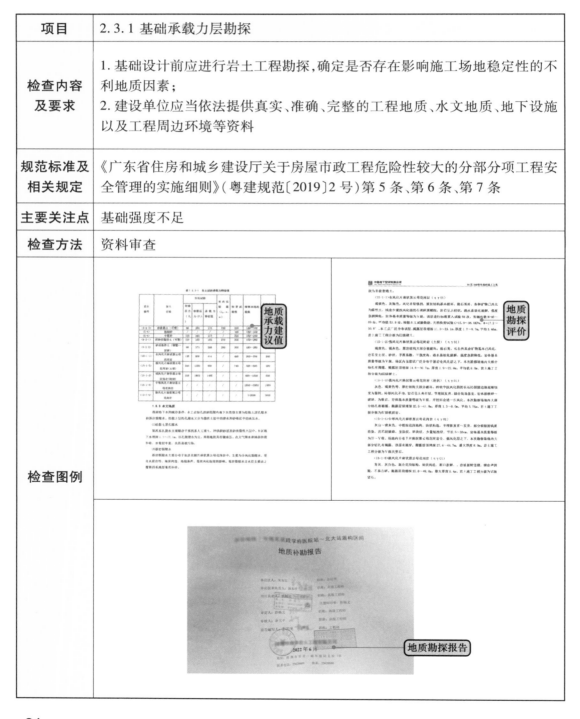

项目	2.3.2 基础
检查内容 及要求	1. 起重机地面轨道基础、起重机轨道梁和安装预埋件应符合工程设计的规定； 2. 门式起重机的地面基础需要具备足够的承载能力，以确保起重机的稳定和安全运行； 3. 建筑起重机械的地基基础承载力和变形不满足设计要求应判定为重大事故隐患
规范标准及 相关规定	《起重设备安装工程施工及验收规范》GB 50278—2010 第 2.0.1 条； 《房屋市政工程生产安全重大事故隐患判定标准（2022 版）》第 8 条
主要关注点	基础不符合要求
检查方法	资料审查、仪器测量
检查图例	

项目	2.3.3 基础验收
检查内容及要求	1. 施工总承包单位、监理单位应对基础工程和所涉及的各项隐蔽工程进行验收,并填写起重机械基础验收表; 2. 使用单位在安装前应当向安装单位提供使用单位对安装基础(包括轨道等)的验收合格证明
规范标准及相关规定	《起重设备安装工程施工及验收规范》GB 50278—2010 第 2.0.1.4 条; 《起重机械安全技术规程》TSG 51—2023 第 4.2.1 条
主要关注点	基础与施工方案不一致
检查方法	资料审查
检查图例	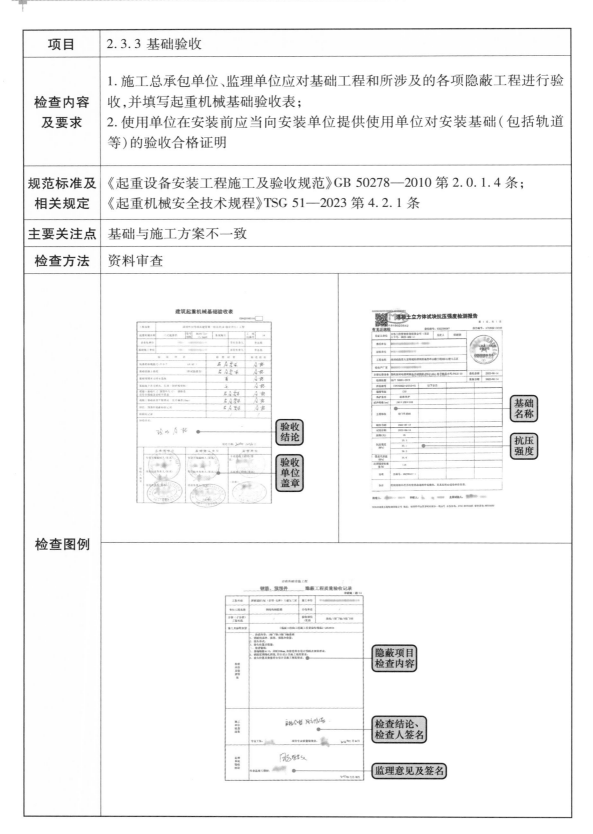

2.4 安装及验收

项目	2.4.1 起重机安装前检查
检查内容 及要求	未经施工总承包单位、监理单位、安装拆卸单位共同查验确认,并形成进场查验记录的建筑起重机械整机、构配件及安全保护装置,不准进场安装
规范标准及 相关规定	《广东省房屋市政工程安全管理"十不准"规定》第 8 条
主要关注点	不合格设备进入施工现场
检查方法	资料审查
检查图例	

施工总承包单位安全管理人员、监理人员现场检查

项目	2.4.2 起重机安装检查
检查内容及要求	建筑起重机械安装完毕后,使用单位应当组织出租、安装、监理等有关单位进行验收,或者委托具有相应资质的检验检测机构进行验收。建筑起重机械经验收合格后方可投入使用,未经验收或者验收不合格的不得使用
规范标准及相关规定	《建筑起重机械安全监督管理规定》(建设部令第 166 号)第 16 条
主要关注点	存在隐患使用
检查方法	资料审查
检查图例	检验结论　　验收结论 使用单位应当组织出租、安装、监理等有关单位进行验收

项目	2.4.3 起重机使用登记
检查内容 及要求	1.使用单位应当自建筑起重机械安装验收合格之日起 30 日内,将建筑起重机械安装验收资料、建筑起重机械安全管理制度、特种作业人员名单等,向工程所在地县级以上地方人民政府建设主管部门办理建筑起重机械使用登记。登记标志置于或者附着于该设备的显著位置。 2.起重机械设备未经验收合格即投入使用或未按规定办理使用登记应判定为重大事故隐患
规范标准及 相关规定	《建筑起重机械安全监督管理规定》(建设部令第 166 号)第 17 条; 《房屋市政工程生产安全重大事故隐患判定标准(2022 版)》第 8 条
主要关注点	1.无证使用,缺少监管; 2.使用登记证过期; 3.使用登记证信息与现场设备不一致
检查方法	资料审查
检查图例	

2.5　规章制度、报告

项目	2.5.1 规章制度
检查内容 及要求	设备管理制度齐全,应包含以下内容: 1. 特种设备安全管理机构(需要设置时)和相关人员岗位职责; 2. 特种设备经常性维护保养、定期自行检查和有关记录制度; 3. 特种设备使用登记、定期检验申请实施管理制度; 4. 特种设备隐患排查治理制度; 5. 特种设备安全管理人员与作业人员管理和培训制度; 6. 特种设备采购、安装、收造、修理、报废等管理制度; 7. 特种设备应急救援管理制度; 8. 特种设备事故报告和处理制度; 9. 高耗能特种设备节能管理制度
规范标准及 相关规定	《建设工程安全生产管理条例》(国务院令第 393 号)第 21 条; 《起重机械安全规程 第 1 部分:总则》GB 6067.1—2010 第 11 条; 《特种设备使用管理规则》TSG 08—2017 第 2.6.1 条
主要关注点	资料缺失
检查方法	资料审查
检查图例	

项目	2.5.2 报告
检查内容 及要求	1. 监督检验报告(新出厂设备首次安装完成后,需进行安装监督检验); 2. 定期检验报告(通用门式起重机移装,设备使用登记到期前,需进行定期检验); 3. 门式起重机有改造、重大修理情况,应出具起重机械改造、重大修理检验报告(改造:是指改变原有主要受力结构件的结构形式、主要机构形式、主参数的活动;重大修理:是指更换原有主要受力结构件、控制系统,但不改变主参数的活动)
规范标准及 相关规定	《起重机械安全技术规程》TSG 51—2023 第6.3条、第6.4条、第7.1.8条、第7.1.9条、第7.1.10条、第7.1.11条
主要关注点	1. 无监督检验检测报告; 2. 无定期检验检测报告; 3. 检测报告信息与设备信息不一致; 4. 设备有改造、重大修理情况,无对应报告
检查方法	资料审查
检查图例	TSG 51—2023　　　　　　　　　特种设备安全技术规范 附件 G 报告编号:_____ **起重机械安装改造重大修理 监督检验报告** 类　　　　　别:___(安装、改造、重大修理)___　●──施工类别与实际一致 安装改造重大修理 单　位　名　称:_____ 使用单位名称:_____ 设　备　类　别:_____ 设　备　品　种:_____●──报告信息与设备一致 设　备　型　号:_____ 设　备　代　码:_____ 检　验　日　期:_____

检查图例	

2.6 作业人员证件

项目	2.6 作业人员证件
检查内容及要求	1.门式起重机司机证件(省级建设行政主管部门); 2.门式起重机司索信号工证件(省级建设行政主管部门); 3.专职安全生产管理人员证件(省级综合类、机械类专职安全生产管理人员持相应证件从事安全生产管理工作)
规范标准及相关规定	《建设工程安全生产管理条例》(国务院令第393号)第23条、第25条; 《建筑起重机械安全监督管理规定》(建设部令第166号)第25条; 《建筑施工企业主要负责人、项目负责人和专职安全生产管理人员安全生产管理规定》(住房和城乡建设部令第17号)第5条
主要关注点	1.人员证件过期; 2.人员证件无法网查; 3.档案资料内证件与现场实际操作人员不一致
检查方法	资料审查
检查图例	

检查图例

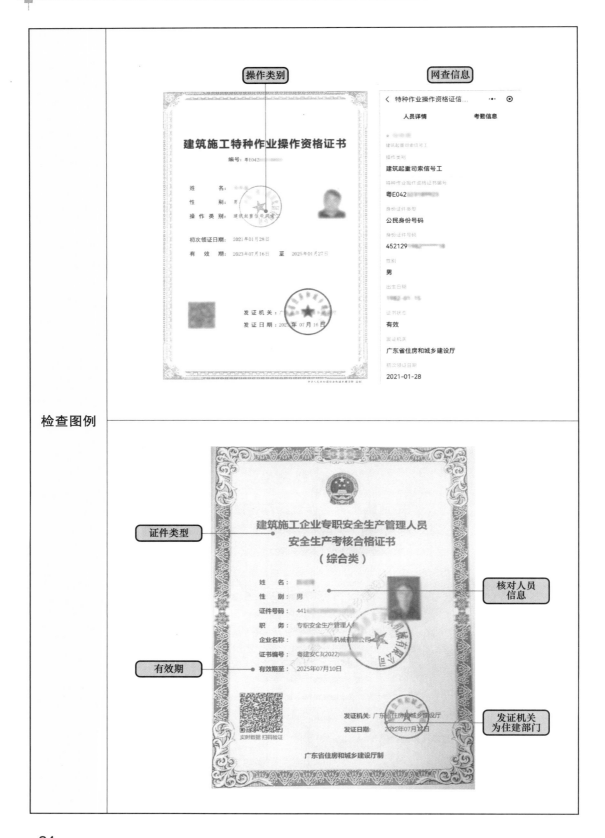

2.7 管理资料

项目	2.7.1 技术档案
检查内容及要求	1. 购销合同、生产许可证、产品合格证、制造监督检验证明、安装使用说明书、备案证明等原始资料、产品使用补充说明书(深圳版); 2. 定期检验报告、定期自行检查记录、定期维护保养记录、维修和技术改造记录、运行故障和生产安全事故记录、累计运转记录等运行资料; 3. 历次安装验收资料
规范标准及相关规定	《建筑起重机械安全监督管理规定》(建设部令第166号)第9条; 《建筑起重机械防台风安全技术规程》SJG 55—2019 第3.3.2条
主要关注点	资料缺失、资料与现场设备不一致
检查方法	资料审查
检查图例	

检查图例

项目	2.7.2 设备运行记录
检查内容及要求	设备运行记录应当准确、详尽,并按照实际操作情况进行填写,内容一般包括:设备运行日期和时间、操作人员信息、运行状态描述、异常和故障情况等
规范标准及相关规定	《建筑起重机械安全监督管理规定》(建设部令第 166 号)第 9 条
主要关注点	1. 未填写设备运行记录; 2. 运行记录与现场设备使用状况不一致
检查方法	资料审查
检查图例	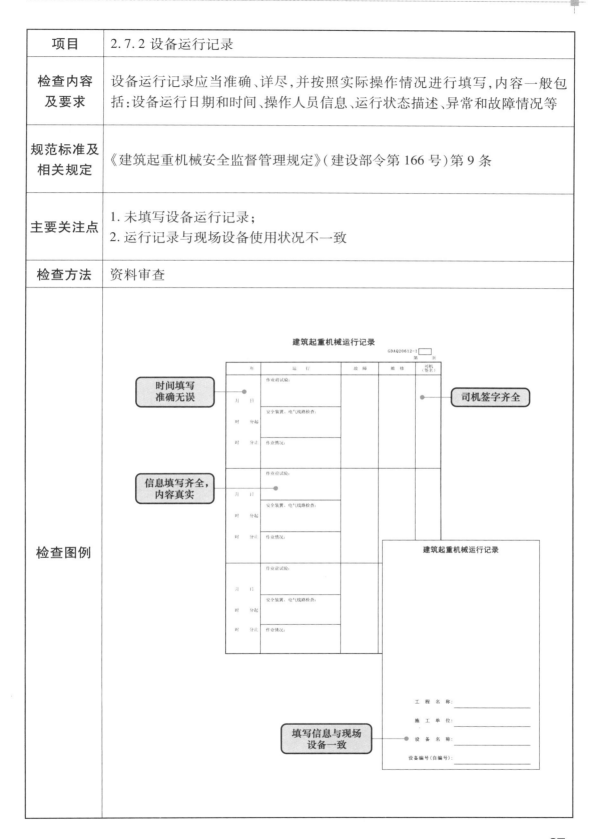

项目	2.7.3 定期检查记录
检查内容及要求	1. 使用单位应当对在用的建筑起重机械及其安全保护装置吊具、索具等进行经常性和定期的检查、维护和保养，并做好记录； 2. 日常检查应有检查记录。定期检查应有检查记录，出现不合格项时应出具检查报告； 3. 检查记录应至少包括以下内容： （1）检查的日期和地点； （2）检查人员签名及其所属单位的名称； （3）被检查设备的名称、型号、出厂编号及主要参数； （4）各检查项目的检查结果
规范标准及相关规定	《起重机械安全规程 第 1 部分：总则》GB 6067.1—2010 第 18.1 条； 《建筑起重机械安全监督管理规定》（建设部令第 166 号）第 19 条； 《起重机械检查与维护规程 第 1 部分：总则》GB/T 31052.1—2014 第 5.5.1 条
主要关注点	1. 定期检查记录缺失； 2. 定期检查记录与现场设备不一致； 3. 定期检查记录人员签字不全，内容缺失，如无索具检查内容
检查方法	资料审查
检查图例	 桥（门）式起重机定期自检表

检查图例

项目	2.7.4 维护保养记录
检查内容及要求	1. 应根据每台起重机械的工作级别、工作环境及使用状态,确定计划性维护的内容和周期,并加以实施。 2. 应在发生故障后或根据日常检查、定期检查、特殊检查的结果,对发现的缺陷,确定非计划性维护的内容和要求,并加以实施。 3. 维护记录应包括保养记录和维修记录。维护记录应至少包括以下内容: (1)维护的日期和地点; (2)维护人员签名及其所属单位的名称; (3)被维护设备的名称、型号、出厂编号及主要参数; (4)各维护项目、维护方法及维护结果; (5)对维护结果验证的说明。 4. 对完成维护的项目应进行相应的验证,验证合格后起重机械才能恢复使用
规范标准及相关规定	《起重机械安全规程 第 1 部分:总则》GB 6067.1—2010 第 18.3 条; 《建筑起重机械安全监督管理规定》(建设部令第 166 号)第 19 条; 《建筑起重机械防台风安全技术规程》SJG 55—2019 第 3.4.7 条; 《起重机械检查与维护规程 第 1 部分:总则》GB/T 31052.1—2014 第 6.1 条
主要关注点	1. 维护保养单位与维护保养合同不一致; 2. 设备未定期维护保养; 3. 维护保养人员不符合要求; 4. 维护保养记录内容不齐全
检查方法	资料审查
检查图例	

项目	2.7.5 特殊检查记录
检查内容及要求	1. 特殊检查应有检查记录和检查报告。 2. 起重机械特殊检查： （1）检查项目、检查结果、引起缺陷的原因和处置建议； （2）上次特殊检查的日期； （3）下次定期检查的日期。 3. 应根据当地建设主管部门文件要求，采用规定的检查方法，开展起重机的专项检查（如台风防御期间的专项检查、节后复工专项检查等），并生成详细的检查记录，记录内容通常包括检查日期、检查项目、检查结果和处理措施等
规范标准及相关规定	《建设工程安全生产管理条例》（国务院令第 393 号）第 21 条； 《起重机械检查与维护规程 第 1 部分：总则》GB/T 31052.1—2014 第 5.5.1 条
主要关注点	未按政府主管部门文件要求落实检查工作
检查方法	资料审查
检查图例	

附件 1：

在建工地防御台风专项检查企业项目自查自纠表

注：1. 台风期间，项目应将本检查表内容纳入日检查频率，并每周全覆盖。
　　2. 监督人员应首先核查项目日检资料，并进行有针对性的抽查。

项目名称：_____　建设单位：_____，
施工单位：_____　监理单位：_____，
检查日期：_____　目前进度：_____。

序号	检查内容		具体要求	检查结果（符合/不符合）
1	管理行为	组织机构	成立应对台风、暴雨等极端天气的专门机构，成员包括建设单位项目负责人、施工单位项目经理、监理单位项目总监，明确各项工作的责任人。	
		预案台账	一预案：应编制项目防御台风人员疏散转移预案，提前做好转移安置地点、交通组织、后勤保障等工作，确保一旦接到疏散指令后，工地人员有序转移。两台账：应建立建筑起重机械台账和人员疏散台账。	
		培训教育	将防御台风知识列入日常安全教育范畴。	
		应急物资	应根据项目实际情况准备沙袋、抽水设备等应急物资。	
		应急演练	定期组织防御台风专题的应急演练。	
		避险准备	要提前对接项目周边应急避险场所，了解可容纳人数、联系方式等相关信息，明确人员疏散路线，做到心中有数，有备无患。应安排专人负责，根据预警信息及响应级别采取拆除脚手架上部安全网、拆除悬臂吊臂部分防护网片、临时加固等措施。	
2	建筑起重机械	塔式起重机	应全面调查塔式起重机影响范围内的房屋、道路等设施情况并列入台账，涉及人员情况一并纳入避险准备。有《塔机使用补充说明书》（深圳版）的塔吊，应按照补充说明书要求采取相应防台风措施。无《塔机使用补充说明书》（深圳版）的塔吊，在允许安装最大独立高度或最大悬臂高度基础上一律降低两个标准节使用。	
			主体结构已封顶的应在顶层增加附着措施。	
			上部应松锁 360 度自由旋转，动臂式塔吊的起重臂应落下与塔身固定。	
			基础节、标准节、附墙拉杆件螺栓应齐全无松动。	
			基础排水应通畅，集水井杂物及时清理，水泵工作应可靠。	

第 1 页　共 3 页

附件 2：

在建工地防御台风专项检查监督机构执法检查表

备注：台风期间，监督人员应核查项目自查情况，并根据本表进行重点抽查。

项目名称：_____　建设单位：_____，
施工单位：_____　监理单位：_____，
检查日期：_____　目前进度：_____。

序号	检查内容		具体要求	检查结果（符合/不符合）
1	管理行为	组织机构	成立应对台风、暴雨等极端天气的专门机构，成员包括建设单位项目负责人、施工单位项目经理、监理单位项目总监，明确各项工作的责任人。	
		预案台账	一预案：应编制防台风人员疏散转移预案。两台账：应建立建筑起重机械台账和人员疏散台账。	
2	建筑起重机械	塔式起重机	有《塔机使用补充说明书》（深圳版）的塔吊，已按照补充说明书要求采取相应防台风措施。无《塔机使用补充说明书》（深圳版）的塔吊，在允许安装最大独立高度或最大悬臂高度基础上一律降低两个标准节使用。	
			主体结构已封顶的应在顶层增加附着措施。	
3	基坑工程	堆载情况	基坑周边不得堆载或设置板房，如有，须有正式的设计文件确认。	
		变形监测	监测数据无异常或按规定处置。	
		实体质量	坡顶稳定，无开裂、坑壁渗漏等情况。	
4	施工围挡	墙体	应按要求采取斜撑等加固措施。	
5	落地式外脚手架	连墙件	连墙件应按照方案要求设置，拉结应牢固无破坏。	
6	附着式脚手架	架体构造	架体上部悬臂部分应规范安装临时支撑（拉结）。	
		附墙支座	正常工况，每一机位附墙支座安装不少于 3 个。	
		安全装置	正常工况，每个附墙支座上防坠安全器应正常安装；防坠结构应与建设部认证一致。	
7	用电安全	外电	施工现场、周边有 10 千伏及以上外电架空线路，或施工现场有挂接安装明装变压器的工地，电杆垂直度应符合要求，外电架空线路或明装变压器与周边物体应满足安全距离。	
			对于外电线路和明装变压器设置了防护设施的工地，有定期检查和加固防护设施。	

检查人员签名：

检查图例

项目	2.7.6 吊装方案
检查内容及要求	1.起重吊装作业前,必须编制吊装作业的专项施工方案,并应进行安全技术措施交底;作业中,未经技术负责人批准,不得随意更改; 2.对达到一定规模的危险性较大的起重吊装工程需编制专项施工方案,并附具安全验算结果,经施工单位技术负责人、总监理工程师签字后实施,由专职安全生产管理人员进行现场监督
规范标准及相关规定	《建筑施工起重吊装工程安全技术规范》JGJ 276—2012 第 3.0.1 条; 《建设工程安全生产管理条例》(国务院令第 393 号)第 26 条
主要关注点	1.资料缺失; 2.审批流程不规范
检查方法	资料审查
检查图例	**起重吊装工程安全专项施工方案** 一、工程概况 (一)吊装工程概况,施工场地及周边地面设施、配电线路、地下电缆、管道等情况。 (二)工程地质状况、地耐力。 (三)吊装工程结构、尺寸、吊装高度,单体重量与外形几何尺寸。 (四)施工现场平面布置图。 (五)吊装工序流程图。 二、吊装工作的计划 三、吊装作业队伍资质及特种作业人员名单(吊车司机、指挥、司索信号工、电工、焊工等) 四、吊装工艺流程 (一)吊点、吊距、起吊物重心。 (二)吊装作业顺序。 (三)吊装设备起吊位置与地基处理。 (四)吊装过程中起吊物稳定措施。 (五)起吊物就位、固定方法及措施。 (六)地锚的设置方法和要求。 (七)吊装设备进退场路线及起吊位置布置图。 (八)构件堆放要求及重量明细表。 五、吊装设备选型 (一)吊装设备的规格、型号。 (二)吊索、卸甲的规格、型号及选型计算。 (三)吊装作业中所需工具、材料的种类数量。 (四)吊装设备的起重力矩曲线图。 六、吊装前准备工作 (一)熟悉吊装作业环境,明确作业现场内的各吊车作业点以及地耐力和处理措施。 (二)了解施工现场的地面设施、水电、电信电缆、管道情况。 (三)进行安全技术交底。 (四)确定吊装作业的通信工具与联络方式。 七、安全技术保证措施 (一)吊装设备的检验合格证明与验收。 (二)吊装设备的超高力矩限制器、吊钩及滑脱装置等安全装置。 (三)吊索的安全使用及报废。 (四)滑轮的规格及要求。 (五)试吊工作方法。 (六)人员上下通道的设置方式或爬梯的设置与固定。 (七)作业平台的设置与高处作业防坠措施。 (八)高处作业人员身体检查。 (九)安全技术教育和安全技术交底。 (十)吊装作业警戒区的设立与警戒人员的安排。 (十一)结合工程特点采取安全技术措施,必须包括紧急应急措施和应急预案。 八、属于危大工程应按《广东省住房和城乡建设厅关于印发房屋市政工程危险性较大的分部分项工程安全管理实施细则的通知》(粤建规范〔2019〕2号)的要求增加相应内容。

第3章

设备设施部件

3.1 门式起重机主要结构

项目	3.1 门式起重机主要结构
检查内容及要求	取物装置悬挂在能沿桥架运行的起重小车、葫芦或臂架起重机上的起重机桥架梁通过支腿支承在轨道上的起重机
结构组成	门式起重机主要由金属结构、起升机构、运行机构、电气系统、安全装置组成
规范标准及相关规定	《通用门式起重机》GB/T 14406—2011； 《起重机械安全规程 第1部分:总则》GB 6067.1—2010； 《起重机械设计规范》GB 3811—2008
主要关注点	非许可制造,主要参数不能满足工作要求
检查方法	资料审查,目测检查,仪器测量
检查图例	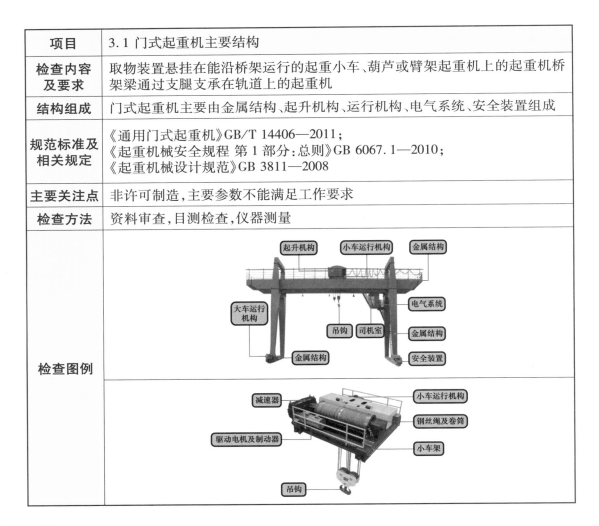

3.2 基础、轨道

项目	3.2.1 基础
检查内容及要求	1. 混凝土基础应与方案一致,基准面平整度偏差满足轨道敷设要求; 2. 设置排水措施,防止基础受积水浸泡影响; 3. 当采用钢结构梁等特殊基础时,安装固定应与方案一致
规范标准及相关规定	《起重设备安装工程施工及验收规范》GB 50278—2010 第 2.0.1 条、第 3.0.1 条、第 3.0.10 条
主要关注点	1. 基础塌陷、下沉、开裂等; 2. 基础积水,缺少排水措施; 3. 钢结构梁尺寸与方案不一致,固定不牢靠
检查方法	目测检查、仪器测量
检查图例	 混凝土基础外观无明显缺陷 钢制轨道梁的设置应与基础方案一致

隐患图例

基础下沉

基础低注，缺少排水措施

基础积水，缺少排水措施

混凝土基础破裂

基础塌陷

<table>
<tr><td>项目</td><td colspan="2">3.2.2 轨距</td></tr>
<tr><td>检查内容及要求</td><td colspan="2">1. 轨道型号与说明书一致；
2. 门式起重机大车轨距偏差，当轨道轨距小于或等于 10m 时，其允许偏差应为±3mm；当轨道轨距大于 10m 时，偏差=±[3+0.25(轨距−10)]，且不大于±15mm；当采用水平导向轮时，偏差可以扩大 3 倍，但最大值为±25mm</td></tr>
<tr><td>规范标准及相关规定</td><td colspan="2">《起重设备安装工程施工及验收规范》GB 50278—2010 第 3.0.6 条</td></tr>
<tr><td>主要关注点</td><td colspan="2">起重机啃轨</td></tr>
<tr><td>检查方法</td><td colspan="2">目测检查、仪器测量、空载试验</td></tr>
<tr><td rowspan="2">检查图例</td><td> 重 轨
起 重 机 钢 轨
产品使用说明书要求的钢轨规格型号</td><td> 核对钢轨的规格型号</td></tr>
<tr><td> 3.3 门式起重机总图
门式起重机总图中的轨距要求</td><td> 轨道
轨距
轨道
根据设计总图的要求现场核对门式起重机的轨距及跨度</td></tr>
</table>

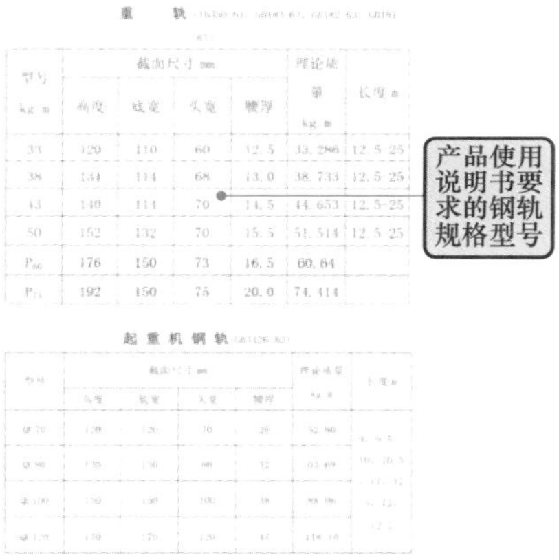

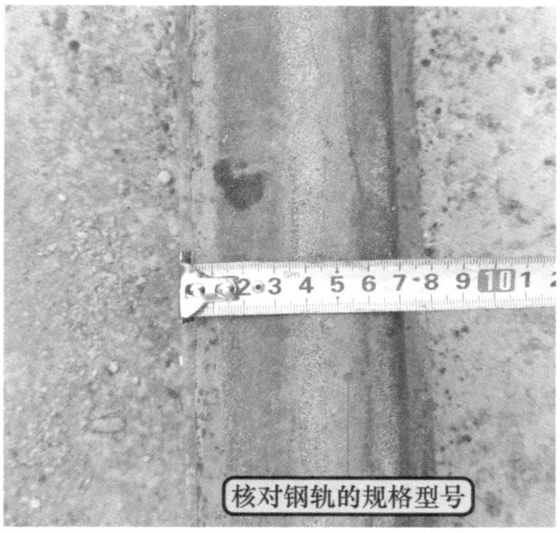

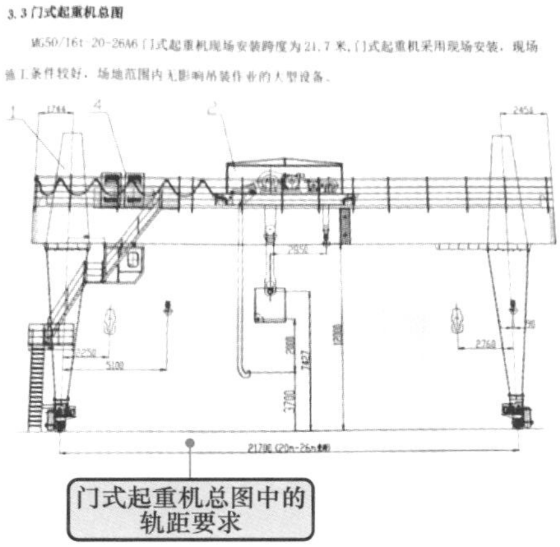

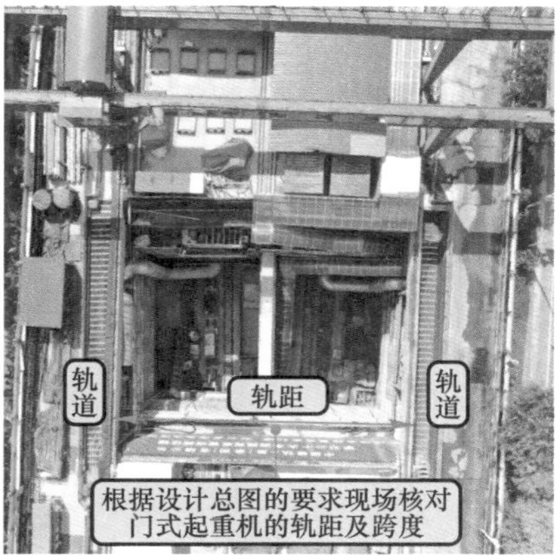

隐患图例

啃轨导致的
钢轨磨损

啃轨导致的
车轮轮缘磨损

项目	3.2.3 轨道固定
检查内容 及要求	1.混凝土起重机梁与轨道之间的基础,应符合工程设计的规定;用弹性垫板作钢轨下垫层时,弹性垫板的规格和材质应符合工程设计的规定; 2.螺栓压板、焊接压板固定轨道时,应压紧轨道不得有松动; 3.固定点间距不得大于说明书的要求; 4.严禁采用压弯预埋螺纹钢的方式固定轨道
规范标准及 相关规定	《起重设备安装工程施工及验收规范》GB 50278—2010 第 3.0.10 条、第 3.0.11 条、第 3.0.12 条、第 3.0.13 条
主要关注点	轨道松动,轨距变化,起重机运行振动
检查方法	资料审查、目测检查、仪器测量
检查图例	

隐患图例

压板失效

采用螺纹钢
代替压板装置

基础碎裂

压板固定失效

压板螺栓松动　压板固定失效

压板组件缺失

轨道压板固定点间距大于说明书要求

轨道下部未垫实

项目	3.2.4 敷设及使用要求
检查内容 及要求	1. 轨道顶面标高与设计标高的位置偏差不应大于 10mm,同一截面内两平行轨道的接头位置沿轨道纵向相互错开,错开距离不应等于前后车轮的轮距,两平行轨道标高的相对差不应大于 10mm; 2. 轨道沿长度方向上,在平面内的弯曲,每 2m 检测长度上的偏差不应大于 1mm;在立面内的弯曲,每 2m 检测长度上的偏差不应大于 2mm; 3. 接头焊接,焊缝质量符合国家现行有关标准,顶面及侧面焊缝应打磨光滑、平整。接头采用鱼尾板连接时,接头高低差及侧向错位不应大于 1mm,间隙不应大于 2mm
规范标准及 相关规定	《起重设备安装工程施工及验收规范》GB 50278—2010 第 3.0.4 条、第 3.0.5 条、第 3.0.7 条、第 3.0.8 条
主要关注点	起重机啃轨
检查方法	资料审查、目测检查、仪器测量
检查图例	 使用仪器测量,轨道顶面标高偏差应满足标准要求 轨道接头缝隙填充稳固可靠

3.3 外 观

项目	3.3 标志、铭牌
检查内容及要求	1.门式起重机的明显位置标注有清晰的额定起重量标志以及工作区域设有明显可见的文字安全警示标志； 2.使用登记证信息与产品铭牌一致,产品铭牌应无更改痕迹
规范标准及相关规定	《起重机械安全规程 第1部分:总则》GB 6067.1—2010 第10条； 《起重机械安全技术规程》TSG 51—2023 第C3.1条
主要关注点	1.超载使用； 2.违规拼装使用
检查方法	资料审查、目测检查
检查图例	

检查图例	
隐患图例	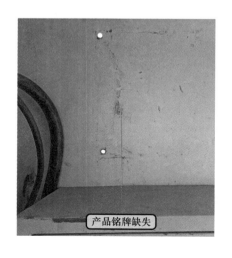

3.4 扶梯与平台

项目	3.4.1 斜梯与直梯
检查内容及要求	1. 斜梯的倾斜角不宜超过 65°,特殊情况下,倾斜角也不应超过 75°(超过 75°时按直梯设计);斜梯两侧应设置栏杆,两侧栏杆的间距:主要斜梯不应小于 0.6m;其他斜梯可取为 0.5m; 2. 高度 2m 上的直梯应有护圈,护圈从 2.0m 高度起开始安装,护圈直径宜取为 0.6~0.8m; 3. 梯级踏板表面应防滑
规范标准及相关规定	《起重机械安全规程 第 1 部分:总则》GB 6067.1—2010 第 3.7 条
主要关注点	1. 斜梯与直梯设置不合理、固定不牢靠; 2. 斜梯栏杆缺失; 3. 直梯高度超过 2m 未设置护圈
检查方法	目测检查、仪器测量
检查图例	

隐患图例

项目	3.4.2 通道与平台
检查内容及要求	1. 通道及平台应采取防滑措施,离地面高度超过 2m 的位置,应设置防护栏杆,栏杆高度不低于 1m; 2. 栏杆下部有高度不低于 0.1m 的踢脚板,在踢脚板与手扶栏杆之间有不少于一根的中间横杆
规范标准及相关规定	《起重机械安全规程 第 1 部分:总则》GB 6067.1—2010 第 3.6 条、第 3.8 条
主要关注点	1. 缺少防滑措施; 2. 栏杆缺失、变形、破损等; 3. 踢脚板缺失
检查方法	目测检查、仪器测量
检查图例	
隐患图例	

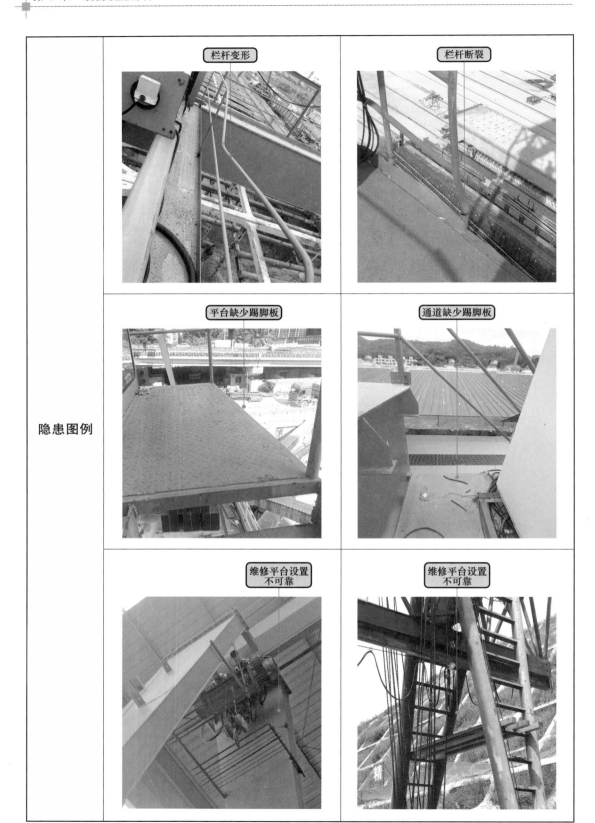

隐患图例

栏杆变形

栏杆断裂

平台缺少踢脚板

通道缺少踢脚板

维修平台设置不可靠

维修平台设置不可靠

3.5 金属结构

项目	3.5.1 主要受力结构件
结构介绍	金属结构作为起重机整机的骨架,用以装置起重机的机械、电气等设备,支持被起吊的重物,承受和传递作用在起重机上的各种载荷,是起重机的重要组成部分
结构组成	门式起重机主要受力结构件有主梁、支腿等
规范标准及相关规定	《通用门式起重机》GB/T 14406—2011 第 4.1.1 条; 《起重机术语 第 1 部分:通用术语》GB 6974.1—2008 第 3.1 条; 《起重机械安全技术规程》TSG 51—2023 第 7.1.6 条
检查图例	

检查图例

单主梁门式起重机

项目	3.5.2 尺寸核对
检查内容 及要求	1. 对照门式起重机设计图纸,测量各主要受力结构件尺寸是否与设计图参数一致; 2. 对于可变跨度的安装尺寸应满足设计图纸要求
规范标准及 相关规定	《通用门式起重机》GB/T 14406—2011 第 8.2 条; 《起重机械安全技术规程》TSG 51—2023 第 C3.6 条
主要关注点	进场设备主要受力结构件与设计图纸不一致
检查方法	资料审查、仪器测量
检查图例	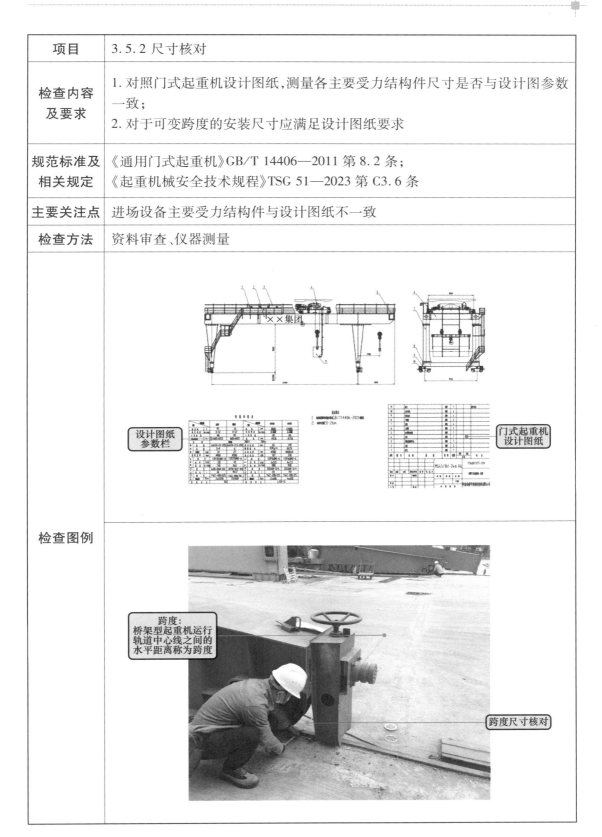

检查图例	
	基距： 沿平行于起重机纵向运行方向测定的起重机支撑中心线之间的距离  基距尺寸核对
	悬臂分为无悬臂、单悬臂和双悬臂三种  悬臂尺寸核对
	按支腿型式分，有L形、C形、O形和U形等箱形开式支腿  支腿尺寸核对
主梁尺寸核对 	下横梁尺寸核对 

项目	3.5.3 外观检查
检查内容 及要求	1. 主要结构件不应有整体失稳、塑性变形、严重腐蚀、裂纹等缺陷； 2. 金属结构的连接焊缝无明显可见缺陷
规范标准及 相关规定	《起重机械安全规程 第1部分:总则》GB 6067.1—2010 第3.9条； 《起重机械安全技术规程》TSG 51—2023 第C3.7条
主要关注点	1. 整体失稳； 2. 塑性变形； 3. 断面腐蚀达设计厚度的10%； 4. 结构裂纹、焊缝缺陷
检查方法	目测检查、仪器测量
检查图例	主要受力结构件应无塑性变形、裂纹等缺陷 主要受力结构件应无塑性变形、裂纹等缺陷

隐患图例	

| 隐患图例 |  |

隐患图例

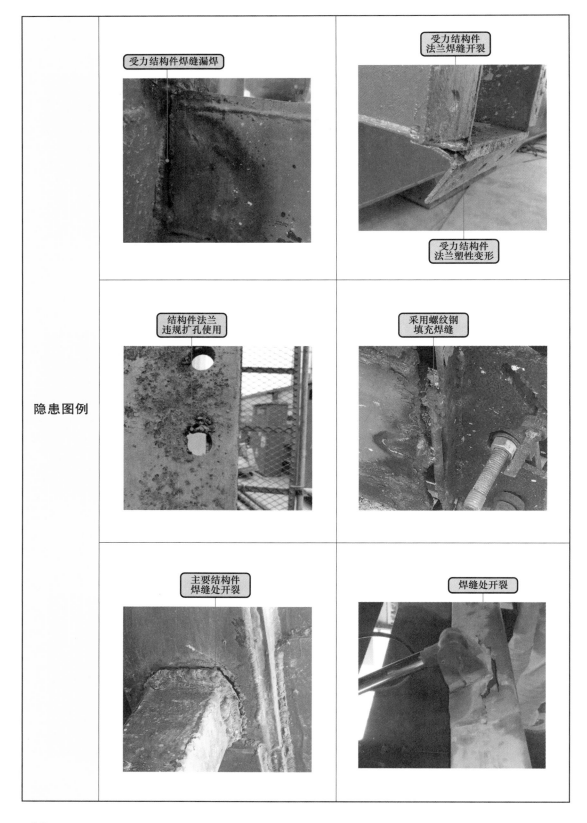

项目	3.5.4 连接件
检查内容及要求	1. 高强度连接螺栓规格选择应满足设备说明书的要求,安装时不应缺件; 2. 高强度连接螺栓连接处构件接触面应按设计要求作相应处理,应保持干燥、整洁,不应有飞边、毛刺、焊接飞溅物; 3. 销轴与销孔的间隙应符合相关标准要求,所有销轴应配备防止其脱出销孔的防脱装置; 4. 螺栓或铆钉连接不得松动,不应有缺件、损坏等缺陷。高强度螺栓连接应有足够的预紧力矩; 5. 起重机械安装、拆卸前未对结构件、高强度螺栓、销轴、定位板等连接件及安全装置进行检查,应判定为重大事故隐患
规范标准及相关规定	《钢结构高强度螺栓连接技术规程》JGJ 82—2011 第 3.1.7 条、第 6.4.1 条; 《起重机金属结构能力验证》GB/T 30024—2020 第 4.5 条、第 4.6 条; 《钢结构设计标准》GB 50017—2017 第 11.6.2 条; 《房屋市政工程生产安全重大事故隐患判定标准(2022 版)》第 8 条
主要关注点	连接件缺失、松动、止退装置功能失效
检查方法	目测检查、仪器测量
检查图例	

隐患图例

高强度螺栓强度等级为8.8级，不符合说明书中10.9强度等级的要求

强度等级8.8　　强度等级10.9

螺栓未紧固

螺栓连接缺少平垫　　连接面未贴合

高强度螺杆长度应保证在终拧后，螺栓处露丝扣为2~3扣

螺纹钢代替螺栓连接使用

连接螺栓缺失

连接销轴止退装置缺失

隐患图例

隐患图例

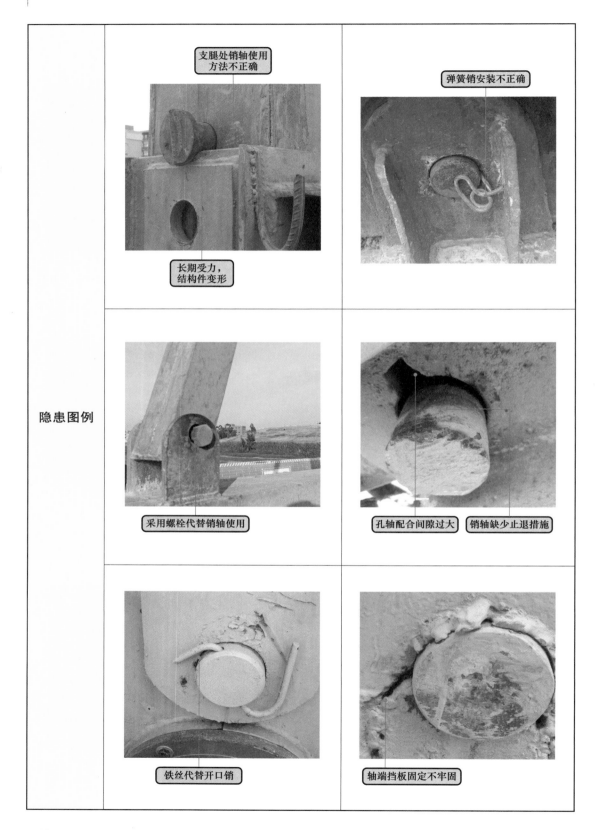

支腿处销轴使用
方法不正确

长期受力，
结构件变形

弹簧销安装不正确

采用螺栓代替销轴使用

孔轴配合间隙过大

销轴缺少止退措施

铁丝代替开口销

轴端挡板固定不牢固

3.6　主要零部件

项目	3.6.1 机构
机构介绍	工作机构是为了实现起重机不同的性能要求而设置的,要把一个重物从某一位置搬运到空间任一位置,则此重物一般要作垂直方向的运动和沿两个水平方向的运动。起重机要实现重物的这些运动要求,必须设置相应的工作机构
机构组成	门式起重机工作机构主要包括运行机构(大车、小车)、起升机构等
规范标准及相关规定	《通用门式起重机》GB/T 14406—2011 第 4.1.1 条; 《起重机术语 第 1 部分:通用术语》GB 6974.1—2008 第 3.1 条
检查图例	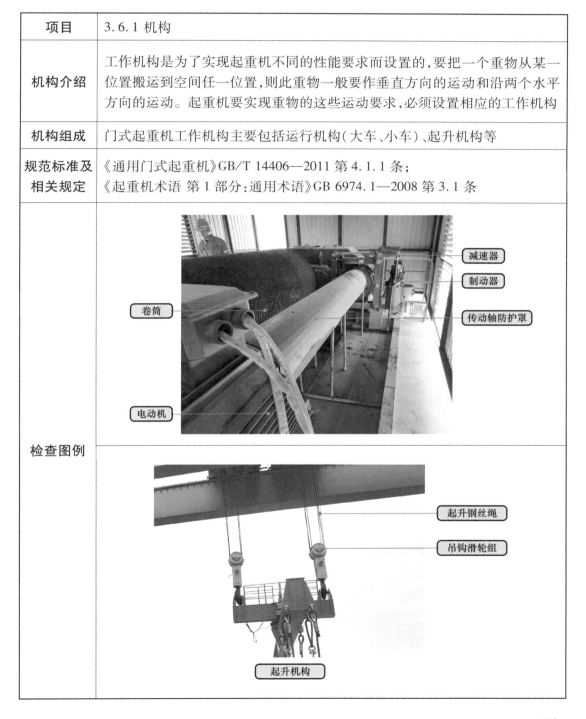

检查图例

小车架

小车轨道

小车车轮

主梁上平面

电动机

制动器

减速器

大车轨道

大车运行机构

项目	3.6.2 外观检查
检查内容及要求	1. 检查工作机构各部件进场是否齐全、外观是否完好； 2. 核对各机构上零部件铭牌是否齐全,铭牌参数是否和零部件合格证参数一致
规范标准及相关规定	《通用门式起重机》GB/T 14406—2011 第 8.2 条
主要关注点	工作机构型号进场错误,工作机构存在缺陷
检查方法	资料审查、目测检查
检查图例	 检查起升机构各部件进场是否齐全、外观是否完好 核对起升机构上零部件铭牌是否齐全,铭牌参数是否和零部件合格证参数一致 检查运行机构各部件进场是否齐全、外观是否完好 核对运行机构上零部件铭牌是否齐全,铭牌参数是否和零部件合格证参数一致

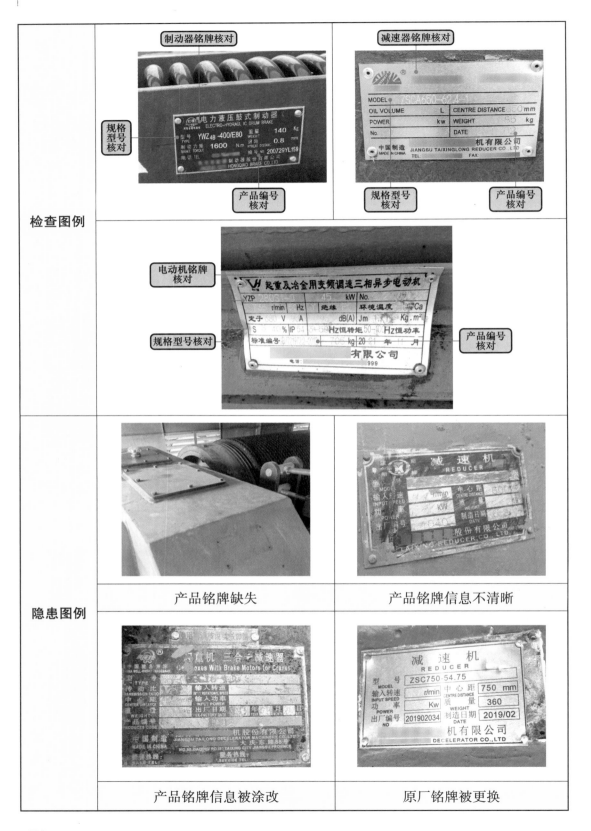

检查图例	制动器铭牌核对 规格型号核对 产品编号核对	减速器铭牌核对 规格型号核对 产品编号核对
	电动机铭牌核对 规格型号核对 产品编号核对	
隐患图例	产品铭牌缺失	产品铭牌信息不清晰
	产品铭牌信息被涂改	原厂铭牌被更换

项目	3.6.3 钢丝绳
检查内容及要求	1. 钢丝绳的规格、型号应符合设计要求，与滑轮和卷筒相匹配，并正确穿绕，钢丝绳端固定应牢固、可靠； 2. 压板固定时，压板不少于2个（电动葫芦不少于3个），卷筒上的绳端固定装置应有防松或自紧的性能。绳夹固定时，绳夹安装应正确，绳夹数量满足使用要求； 3. 钢丝绳无绳股断裂、扭结、压扁、弯折、波浪形变形、笼状畸变、绳股挤出、钢丝挤出、绳径局部增大、绳径减小、外部腐蚀、内部腐蚀、严重断丝、绳端断丝、断丝局部聚集等缺陷； 4. 起升钢丝绳应无编结接长，导绳器应在整个工作范围内有效排绳，不应有卡阻、缺件等缺陷
规范标准及相关规定	《起重机械安全规程 第1部分：总则》GB 6067.1—2010 第4.2.1条； 《起重机械安全技术规程》TSG 51—2023 第A3.1条、第C3.8.1条； 《起重机钢丝绳保养、维护、安装、检验和报废》GB/T 5972—2023 第6条
主要关注点	1. 钢丝绳规格型号选用错误； 2. 钢丝绳缺陷； 3. 绳端固定有缺件
检查方法	目测检查、仪器测量
检查图例	

75

检查图例	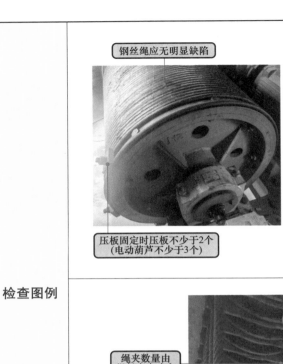 钢丝绳应无明显缺陷 压板固定时压板不少于2个 （电动葫芦不少于3个）	 电动葫芦钢丝绳导绳器
	 绳夹数量由绳径查表确定 绳夹间距不得小于钢丝直径的6倍 绳夹座应在受力绳头一边	
隐患图例	起重吊装优先采用重要用途钢丝绳	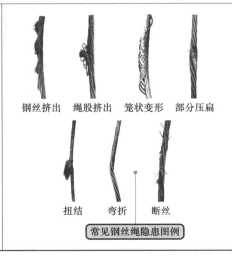 钢丝挤出　绳股挤出　笼状变形　部分压扁 扭结　弯折　断丝 常见钢丝绳隐患图例

隐患图例

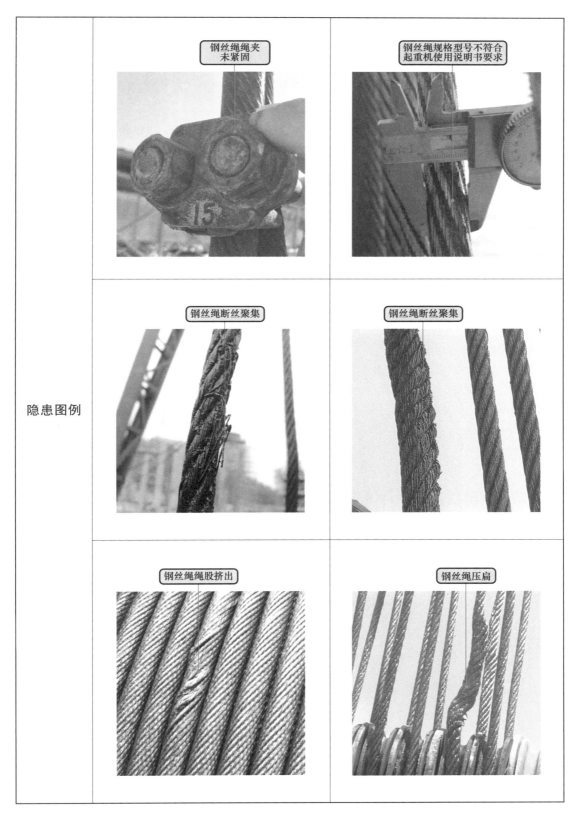

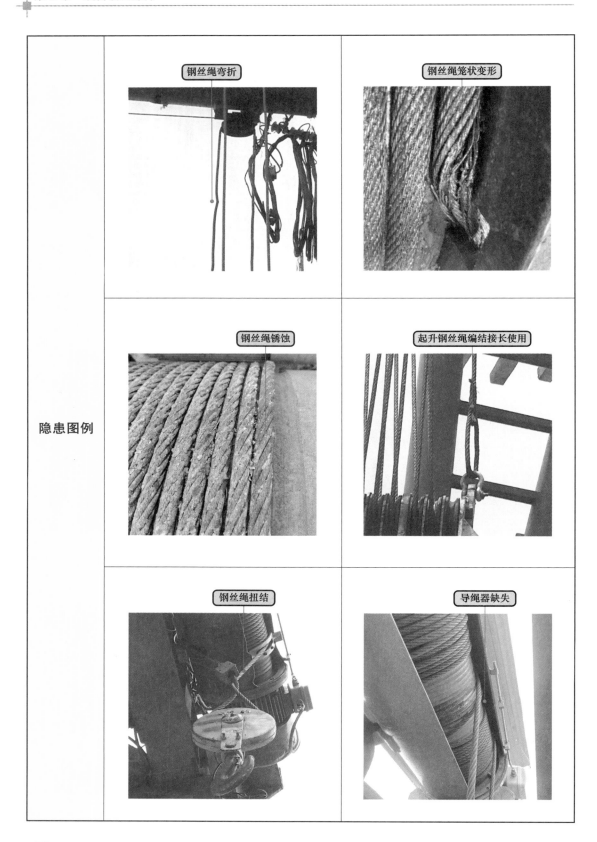

隐患图例	钢丝绳弯折	钢丝绳笼状变形
	钢丝绳锈蚀	起升钢丝绳编结接长使用
	钢丝绳扭结	导绳器缺失

项目	3.6.4 吊钩
检查内容及要求	1. 起重机吊钩的选型应满足设计要求,不得使用铸造吊钩; 2. 锻造吊钩不得补焊,吊钩的标志应永久、清晰; 3. 当使用条件或操作方法会导致重物意外脱钩时,应采用防脱绳带闭锁装置的吊钩; 4. 吊钩出现表面裂纹,危险断面的总磨损量达到名义尺寸的5%,应更换吊钩; 5. 钩号006—5 的吊钩应检查开口尺寸,其值超过使用前基本尺寸的10%时,吊钩应报废; 6. 吊钩的扭转变形,当钩身扭转角超过10°时,吊钩应报废; 7. 吊钩的钩柄不应有塑性变形,否则应报废
规范标准及相关规定	《起重机械安全规程 第1部分:总则》GB 6067.1—2010 第4.2.2条; 《起重吊钩 第3部分:锻造吊钩使用检查》GB/T 10051.3—2010 第3.2条; 《起重机械安全技术规程》TSG 51—2023 第2.5.3.1条
主要关注点	吊钩选用错误、塑性变形、裂纹、严重磨损
检查方法	目测检查、仪器测量
检查图例	

隐患图例

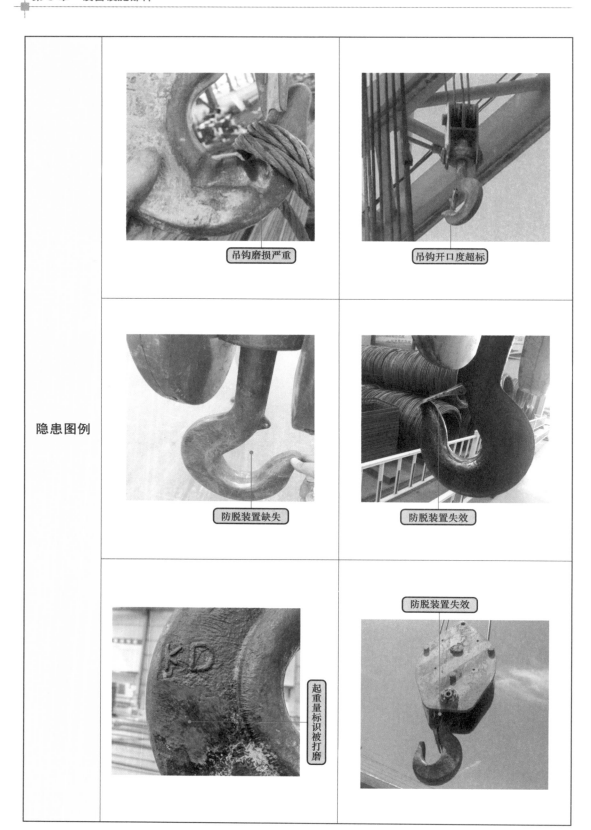

吊钩磨损严重

吊钩开口度超标

防脱装置缺失

防脱装置失效

防脱装置失效

起重量标识被打磨

项目	3.6.5 滑轮
检查内容 及要求	1. 滑轮的规格型号应满足设计要求； 2. 滑轮应有防止钢丝绳脱出绳槽的装置或结构； 3. 人手可触及的滑轮,应设置滑轮罩壳； 4. 滑轮出现下述情况之一时,应报废： (1)影响性能的表面缺陷(如裂纹等)； (2)轮槽不均匀磨损达 3mm； (3)轮槽壁厚磨损达原壁厚的 20%； (4)因磨损使轮槽底部直径较小量达钢丝绳直径的 50%
规范标准及 相关规定	《起重机械安全规程 第 1 部分:总则》GB 6067.1—2010 第 4.2.5 条； 《起重机械安全技术规程》TSG 51—2023 第 2.5.2 条、第 C3.8 条
主要关注点	滑轮断裂、磨损、偏斜、出现晃动、无法转动、滑轮裂纹或轮缘破损
检查方法	目测检查、仪器测量
检查图例	

隐患图例

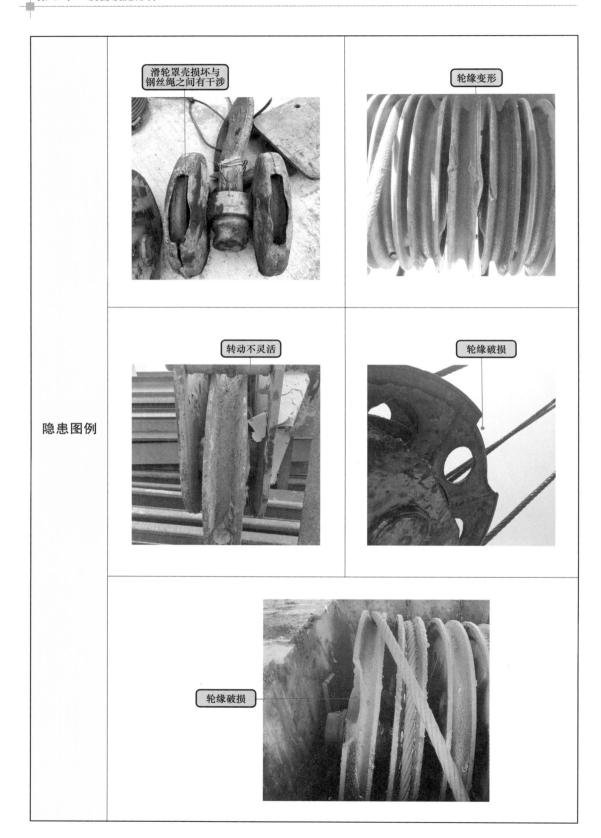

滑轮罩壳损坏与钢丝绳之间有干涉

轮缘变形

转动不灵活

轮缘破损

轮缘破损

项目	3.6.6 卷筒
检查内容 及要求	1. 卷筒的规格型号是否满足设计要求; 2. 卷筒壁不应有裂纹或过度磨损; 3. 卷筒上钢丝绳尾端的固定装置,应安全可靠并有防松或自紧的性能; 4. 钢丝绳全部缠绕在卷筒时,凸缘应超出最外层钢丝绳,超出高度不应小于钢丝绳直径的 1.5 倍
规范标准及 相关规定	《起重机械安全规程 第 1 部分:总则》GB 6067.1—2010 第 4.2.4 条; 《起重机械安全技术规程》TSG 51—2023 第 2.5.1 条
主要关注点	1. 卷筒表面有影响性能的表面裂纹; 2. 钢丝绳全部缠绕在卷筒时,凸缘超出高度小于钢丝绳直径的 1.5 倍
检查方法	目测检查、仪器测量
检查图例	 钢丝绳在卷筒上应能按顺序整齐排列。只缠绕一层钢丝绳的卷筒,应做出绳槽  多层缠绕的卷筒,应有防止钢丝绳从卷筒端部滑落的凸缘

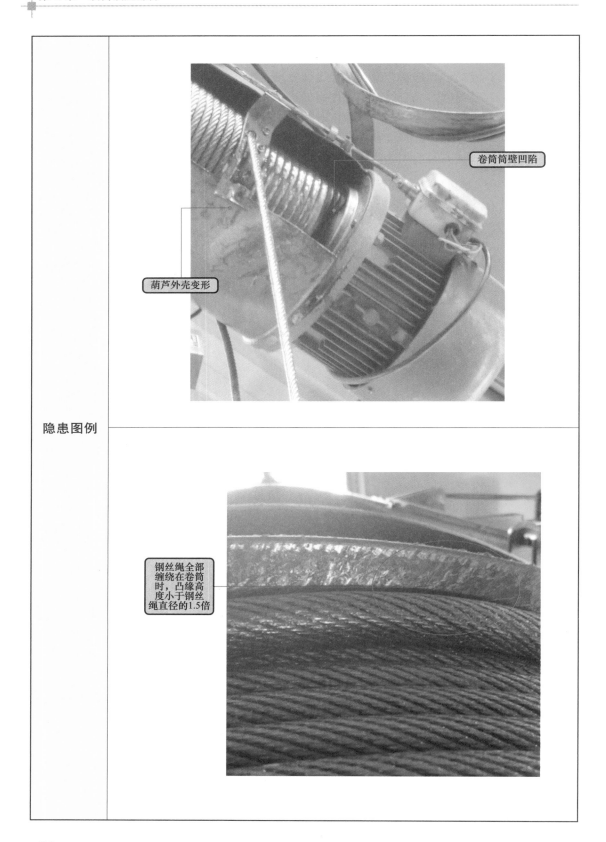

隐患图例

卷筒筒壁凹陷

葫芦外壳变形

钢丝绳全部缠绕在卷筒时，凸缘高度小于钢丝绳直径的1.5倍

项目	3.6.7 制动器
检查内容 及要求	1. 制动器的零部件不应有裂纹、过度磨损、塑性变形、缺件等缺陷。液压制动器不应漏油。 2. 制动衬垫磨损达原厚度的 50% 或露出铆钉应报废。制动轮与制动衬垫之间应接触均匀，且不能有影响制动性能的缺陷或油污。制动器调整适宜，制动平稳可靠。 3. 制动轮应无裂纹(不包括制动轮表面淬硬层微裂纹)，凹凸不平度不得大于 1.5mm，不得有制动衬垫固定铆钉引起的划痕
规范标准及 相关规定	《起重机械安全规程 第 1 部分:总则》GB 6067.1—2010 第 4.2.6 条; 《起重机械安全技术规程》TSG 51—2023 第 2.5.6 条、第 C3.12.3 条
主要关注点	1. 制动器零部件达到报废条件; 2. 制动器打开时,制动轮与制动衬垫未完全分离;制动器闭合时,制动轮与摩擦片接触不均匀; 3. 制动轮或制动衬垫磨损严重
检查方法	目测检查、仪器测量
检查图例	

检查图例	
隐患图例	

项目	3.6.8 车轮
检查内容及要求	1. 车轮与轨道的材料以及选型应当有合适的匹配； 2. 车轮踏面和轮缘内侧不得有气孔、夹渣、裂纹等缺陷，车轮踏面和轮缘内侧面上的缺陷不允许补焊； 3. 在钢轨上工作的车轮出现下列情况之一时，应报废： （1）影响性能的表面裂纹等缺陷； （2）轮缘厚度磨损达原厚度的 50%； （3）轮缘弯曲变形达原厚度的 20%； （4）踏面厚度磨损达原厚度的 15%
规范标准及相关规定	《起重机械安全规程 第 1 部分:总则》GB 6067.1—2010 第 4.2.7 条； 《起重机械安全技术规程》TSG 51—2023 第 2.5.4 条
主要关注点	1. 车轮选用错误； 2. 车轮变形、磨损严重； 3. 起重机啃轨
检查方法	目测检查、仪器测量
检查图例	

| 隐患图例 | 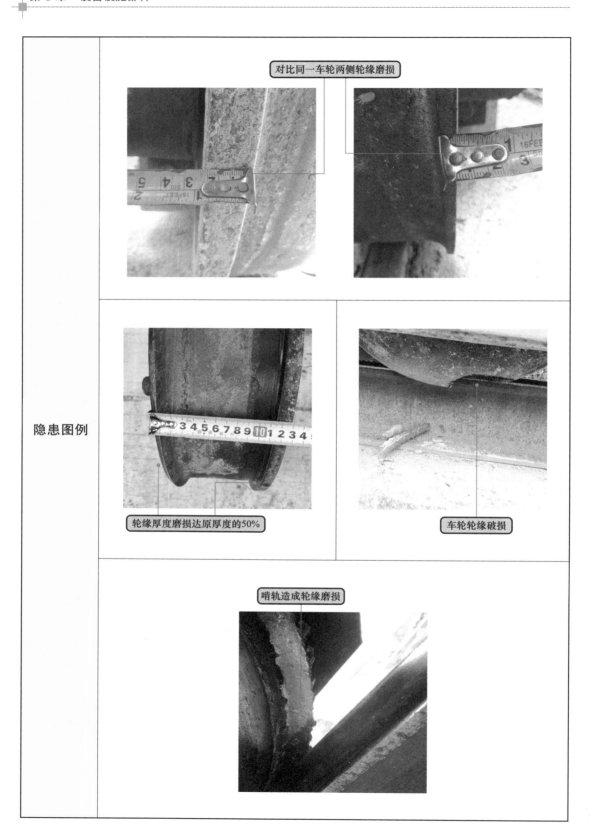 |

对比同一车轮两侧轮缘磨损

轮缘厚度磨损达原厚度的50%

车轮轮缘破损

啃轨造成轮缘磨损

项目	3.6.9 齿轮
检查内容 及要求	说明书中没有提供传动齿轮报废指标的,出现下列情况之一时,应报废: 1. 轮齿塑性变形造成齿面的峰或谷比理论齿形高于或低于轮齿模数的 20%; 2. 轮齿折断大于或等于齿宽的 1/5,轮齿裂纹大于或等于齿宽的 1/8; 3. 齿面点蚀面积达轮齿工作面积的 50%;或 20% 以上点蚀坑最大尺寸达 0.2 模数; 4. 齿面胶合面积达工作齿面面积的 20% 及胶合沟痕的深度达 0.1 模数
规范标准及 相关规定	《起重机械安全规程 第 1 部分:总则》GB 6067.1—2010 第 4.2.8 条
主要关注点	齿轮有磨损、齿面点蚀、胶合、剥落超标、断齿等现象
检查方法	目测检查、仪器测量
检查图例	大车运行 传动齿轮
隐患图例	运行驱动 齿轮断齿

隐患图例	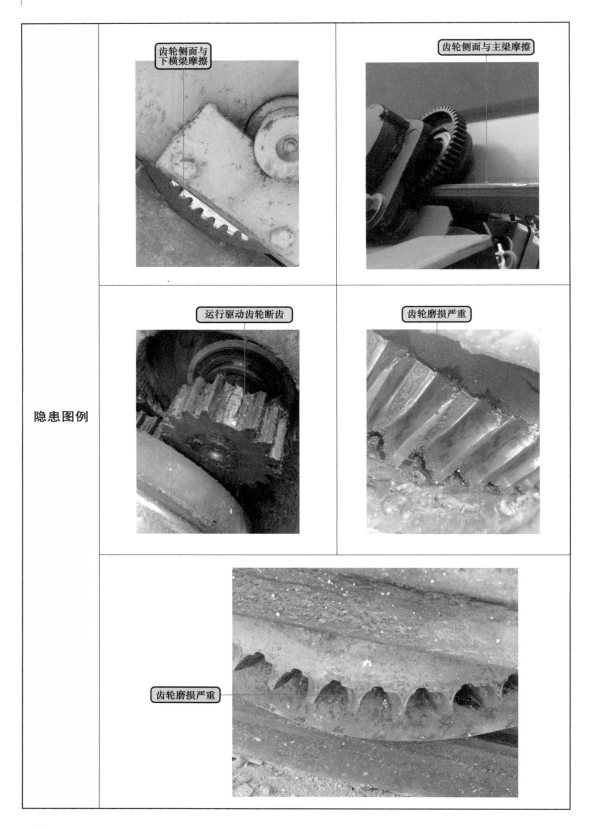

齿轮侧面与下横梁摩擦

齿轮侧面与主梁摩擦

运行驱动齿轮断齿

齿轮磨损严重

齿轮磨损严重

项目	3.6.10 减速器
检查内容及要求	1. 减速器壳体连接螺栓不得松动,螺栓不得缺损; 2. 工作时应无异常声响、振动、发热和漏油
规范标准及相关规定	《通用门式起重机》GB/T 14406—2011 第5.5.6条
主要关注点	1. 固定不牢靠; 2. 箱体破损、运转有异响; 3. 漏油、油位超标或不足
检查方法	目测检查、空载试验
检查图例	

91

隐患图例	 固定螺栓松动 减速器渗油	 减速器漏油
	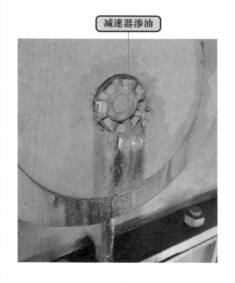 减速器渗油	 减速器壳体破损

3.7　电 气 系 统

项目	3.7.1 电气控制柜及线路
检查内容 及要求	1. 电气设备应有防止固体异物和液体侵入的防护措施； 2. 电气控制柜(房)内电气元件空间布置合理,线路走向清晰,排列整齐； 3. 配置符合《消防设施通用规范》GB 55036—2022 要求的消防器材
规范标准及 相关规定	《起重机械安全规程 第 1 部分:总则》GB 6067.1—2010 第 6.1 条； 《建筑灭火器配置验收及检查规范》GB 50444—2008 第 3 条
主要关注点	1. 缺少防护措施； 2. 消防器材缺失、失效、不匹配； 3. 线路杂乱、裸露,电器元件标识不清、积尘严重
检查方法	目测检查、动作试验
检查图例	

检查图例	 采用电缆卷筒供电时，应防止电缆 在运动过程中被磨损	 采用悬挂电缆小车时，应防止电缆 在运动过程中被磨损和发生过度弯曲
隐患图例	线路脱落，铜芯裸露 端子排破损	电器元件防护外壳缺失 黄绿双色线做相线使用
	线路凌乱　电气元件脱落 电气柜门缺失	电缆随意拖拽

隐患图例

线路脱落　积尘严重

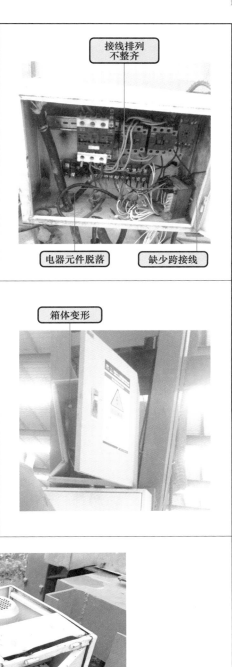

接线排列
不整齐

电器元件脱落　缺少跨接线

电器元件固定不牢靠

箱体变形

箱体柜门
变形

箱体防护
缺失

项目	3.7.2 电动机保护
检查内容 及要求	电动机应具有如下一种或一种以上的保护功能,具体选用应按电动机及其控制方式确定: 1. 瞬动或反时限动作的过电流保护,其瞬时动作电流整定值应约为电动机最大起动电流的 1. 25 倍; 2. 在电动机内设置热传感元件; 3. 热过载保护
规范标准及 相关规定	《起重机械安全规程 第 1 部分:总则》GB 6067. 1—2010 第 8. 1 条; 《起重机械安全技术规程》TSG 51—2023 第 A4. 1. 2. 1 条
主要关注点	电动机保护缺失、短接、失效
检查方法	目测检查、动作试验
检查图例	

隐患图例

短接失效

动力线短接，
热保护失效

项目	3.7.3 短路保护
检查内容 及要求	检查所有线路具有短路或者接地引起的过电流保护功能
规范标准及 相关规定	《起重机械安全规程 第 1 部分：总则》GB 6067.1—2010 第 8.2 条； 《起重机械安全技术规程》TSG 51—2023 第 A4.1.2.2 条
主要关注点	线路保护装置缺失、短接、失效
检查方法	目测检查、动作试验
检查图例	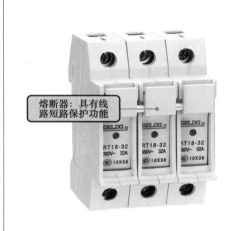 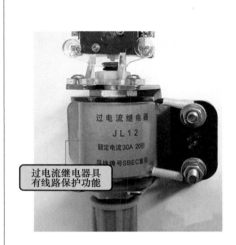 

熔断器：具有线路短路保护功能

过电流继电器具有线路保护功能

空气开关：具有线路短路保护功能

隐患图例	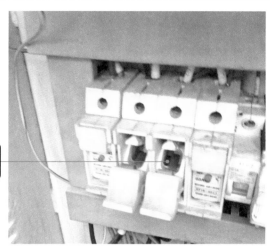熔断器缺失，短路保护功能失效
	过流继电器短接、失效
	过流保护装置短接、失效

项目	3.7.4 线路保护
检查内容及要求	1. 检查当错相和缺相会引起危险时,应设置错相和缺相保护; 2. 采用通电试验方法,断开供电电源任意一根相线或者将任意两相线换接,检查有断错相保护的起重机械供电电源的断错相保护是否有效,总电源接触器是否断开
规范标准及相关规定	《起重机械安全规程 第 1 部分:总则》GB 6067.1—2010 第 8.3 条; 《起重机械安全技术规程》TSG 51—2023 第 A4.1.2.2 条
主要关注点	错相和缺相保护装置缺失、短接、失效
检查方法	目测检查、动作试验
检查图例	

隐患图例	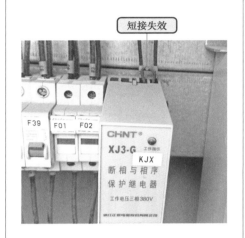 短接失效  短接失效	 相序保护继电器 未接线  未安装错相或 缺相保护

项目	3.7.5 零位保护
检查内容及要求	起重机各传动机构应设有零位保护。运行中若因故障或失压停止运行后,重新恢复供电时,机构不得自行动作,应人为将控制器置回零位后,机构才能重新启动
规范标准及相关规定	《起重机械安全规程 第 1 部分:总则》GB 6067.1—2010 第 8.4 条;《起重机械安全技术规程》TSG 51—2023 第 A4.1.2.4 条
主要关注点	零位保护装置缺失、短接、失效
检查方法	目测检查、动作试验
检查图例	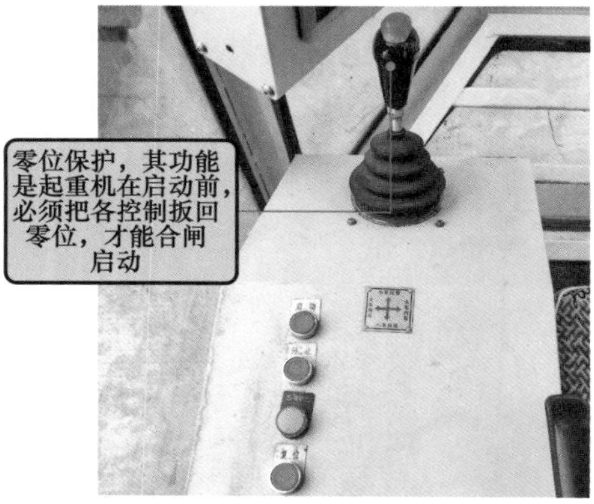 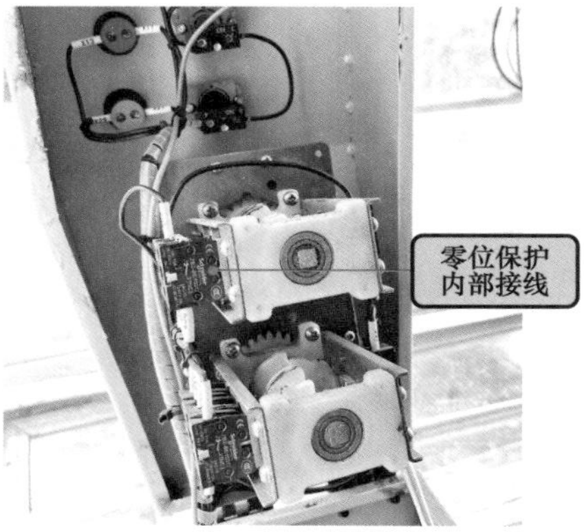
隐患图例	

零位保护,其功能是起重机在启动前,必须把各控制扳回零位,才能合闸启动

零位保护内部接线

零位保护装置电气元件短接

项目	3.7.6 失压保护
检查内容及要求	检查当起重机械供电电源中断后,凡涉及安全或者不宜自动开启的用电设备是否均处于断电状态,避免恢复供电后用电设备自动运行
规范标准及相关规定	《起重机械安全规程 第 1 部分:总则》GB 6067.1—2010 第 8.5 条; 《起重机械安全技术规程》TSG 51—2023 第 A4.1.2.5 条
主要关注点	失压保护装置缺失、短接、失效
检查方法	目测检查、动作试验
检查图例	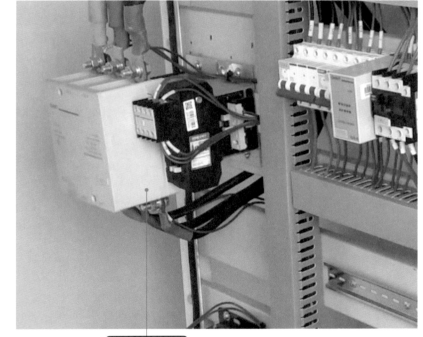 主接触器具有失压保护功能

项目	3.7.7 接地保护
检查内容及要求	1. 起重机所有电气设备外壳、金属导线管、金属支架及金属线槽均应根据配电网情况进行可靠接地； 2. 对于安装在野外且相对周围地面处在较高位置的起重机,应考虑避除雷击对其高位部件与人员造成损坏和伤害；为保证人身安全,起重机运行轨道应可靠接地； 3. 对于保护接零系统,起重机械的重复接地或防雷接地的接地电阻不大于10Ω,对于保护接地系统的接地电阻不大于4Ω； 4. 交流供电起重机电源应采用三相(3+PE)供电方式
规范标准及相关规定	《起重机械安全规程 第 1 部分:总则》GB 6067.1—2010 第 8.8 条； 《起重机械安全技术规程》TSG 51—2023 第 A4.1.2.8 条
主要关注点	1. 电气设备、外壳、金属导体等未接地； 2. 金属结构未接地、未设置跨接线； 3. 接地电阻不符合要求
检查方法	目测检查、仪器测量
检查图例	

检查图例

起重机钢轨接地装置

起重机械的钢轨可连接到保护接地电路上。但是，它们不能取代从电源到起重机械的保护导线(如电缆、集电导线或滑触线)

对于保护接零系统，起重机械的重复接地电阻不大于10Ω。对于保护接地系统的接地电阻不大于4Ω

电气控制柜跨接线

轨道跨接线

隐患图例

接地线连接不规范

接地线未接到起重机

隐患图例	接地线断开  　 用电设备接地 保护断开  接地线断开  　 轨道跨接线断开   轨道跨接线 连接不规范

项目	3.7.8 信号指示
检查内容及要求	1. 检查门式起重机总电源开合状态在司机室内是否有明显的信号指示； 2. 起重机械运行有警示音响信号，并且在起重机械工作场地范围内能够清楚地听到
规范标准及相关规定	《起重机械安全规程 第 1 部分:总则》GB 6067.1—2010 第 8.10 条； 《起重机械安全技术规程》TSG 51—2023 第 2.6.1.3 条
主要关注点	1. 总电源开合状态信号失效； 2. 运行警示音响信号装置未安装或失效
检查方法	目测检查、动作试验
检查图例	 

检查图例	
隐患图例	

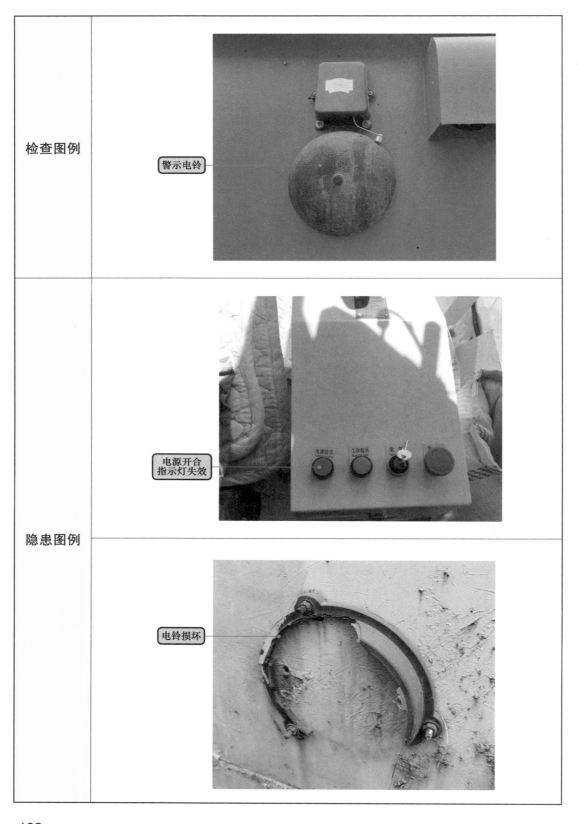

警示电铃

电源开合指示灯失效

电铃损坏

3.8 安全保护装置

项目	3.8.1 报警装置
检查内容及要求	1. 安全防护装置是防止起重机械事故的必要措施,包括限制运动行程和工作位置的装置、防起重机超载的装置、防起重机倾翻和滑移的装置、联锁保护装置等; 2. 起重机上应设置蜂鸣器、闪光灯等作业报警装置且有效运行; 3. 建筑起重机械的安全装置不齐全、失效或者被违规拆除、破坏,应判定为重大事故隐患
规范标准及相关规定	《起重机械安全规程 第 1 部分:总则》GB 6067.1—2010 第 9.6.6 条; 《起重机械安全技术规程》TSG 51—2023 第 2.6.1.3 条、第 C3.11.9.3 条; 《房屋市政工程生产安全重大事故隐患判定标准(2022 版)》第 8 条
主要关注点	报警装置缺失或失效
检查方法	目测检查、动作试验
检查图例	 蜂鸣器　大车运行声光报警装置
隐患图例	 声光报警装置损坏　声光报警装置损坏

项目	3.8.2 起升高度限位器
检查内容及要求	1. 按照《起重机械安全规程 第 1 部分:总则》GB 6067.1—2010 第 9.2.1 条的规定设置了起升高度(下降深度)限位器。当吊具起升(下降)到极限位置时,能自动切断动力源。 2. 起重机械使用单位应当对在用门式起重机加装一套不同于原配置形式的高度限位装置,确保该设备满足"双限位"装置的要求。如果已经安装了传动式高度限位装置(如齿轮、蜗轮蜗杆传动式高度限位器等)的门式起重机,不再要求设置"双限位"装置
规范标准及相关规定	《起重机械安全规程 第 1 部分:总则》GB 6067.1—2010 第 9.2.1 条; 《起重机械安全技术规程》TSG 51—2023 第 A5.1 条
主要关注点	1. 起升高度上限位失效或上部安全距离不符合要求; 2. 起升高度下限位失效
检查方法	目测检查、动作试验
检查图例	

传动式　断火式

起升高度限位器

压板式　重锤式

传动式高度限位器　重锤高度限位重锤块

隐患图例

重锤高度限位器失效

高度限位器未安装

高度限位器破损

重锤缺失

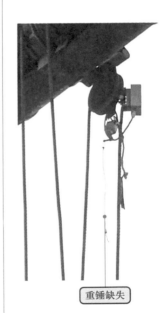

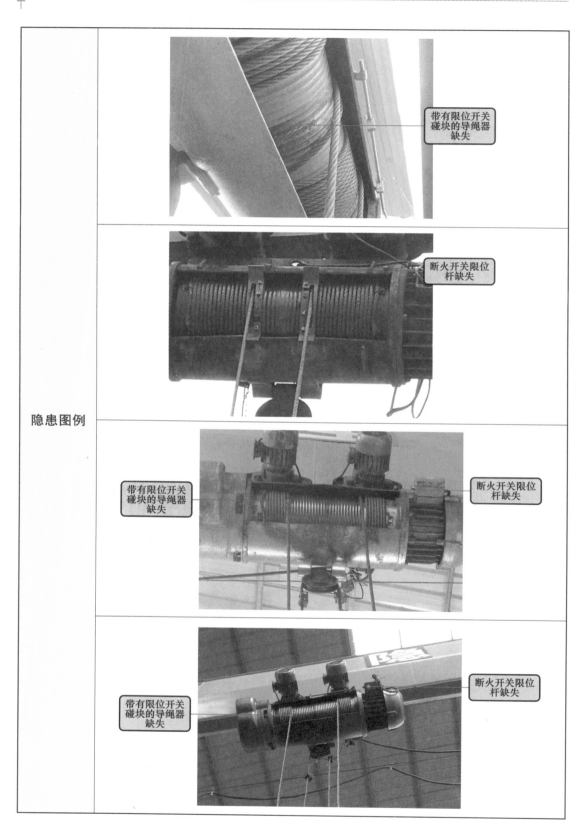

隐患图例

带有限位开关碰块的导绳器缺失

断火开关限位杆缺失

带有限位开关碰块的导绳器缺失

断火开关限位杆缺失

带有限位开关碰块的导绳器缺失

断火开关限位杆缺失

项目	3.8.3 运行行程限位器
检查内容及要求	起重机和起重小车(悬挂型电动葫芦运行小车除外),应在每个运行方向装设运行行程限位器,在达到设计规定的极限位置时自动切断前进方向的动力源。在运行速度大于100m/min,或停车定位要求较严的情况下,宜根据需要装设两级运行行程限位器,第一级发出减速信号并按规定要求减速,第二级应能自动断电并停车
规范标准及相关规定	《起重机械安全规程 第1部分:总则》GB 6067.1—2010 第9.2.2条;《起重机械安全技术规程》TSG 51—2023 第C4.2.2.2条
主要关注点	运行行程限位器缺失、短接、失效
检查方法	目测检查、动作试验
检查图例	

隐患图例	 大车行程限位与防撞安全尺位置不匹配	 运行行程限位失效
	 运行行程限位失效	 红外线反光板 行程限位缺少防撞安全尺 红外线行程限位器与反光板位置不对应，运行行程限位失效

隐患图例

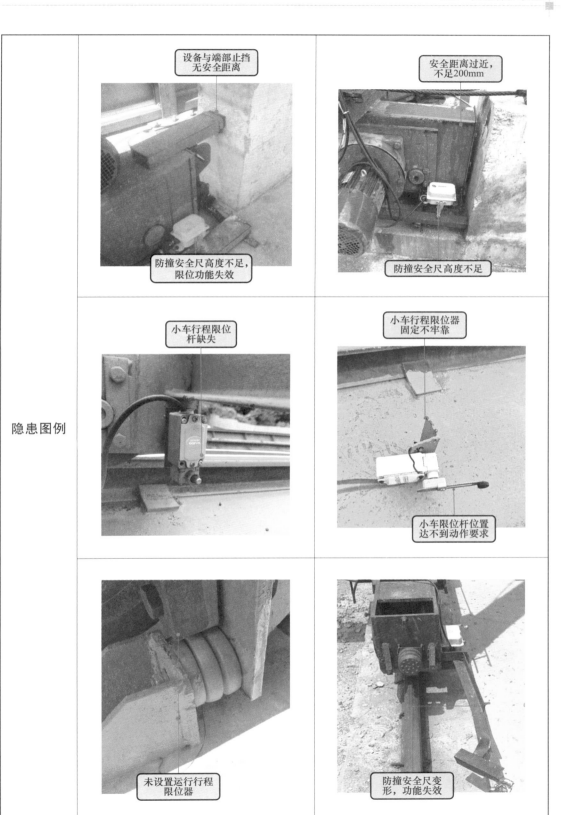

设备与端部止挡无安全距离

防撞安全尺高度不足，限位功能失效

安全距离过近，不足200mm

防撞安全尺高度不足

小车行程限位杆缺失

小车行程限位器固定不牢靠

小车限位杆位置达不到动作要求

未设置运行行程限位器

防撞安全尺变形，功能失效

项目	3.8.4 防碰撞装置
检查内容 及要求	当两台或两台以上的起重机械或起重小车运行在同一轨道上时,应装设防碰撞装置。在发生碰撞的任何情况下,司机室内的减速度不应超过 $5\mathrm{m/s}^2$
规范标准及 相关规定	《起重机械安全规程 第 1 部分:总则》GB 6067.1—2010 第 9.2.9 条; 《建筑起重机械防台风安全技术规程》SJG 55—2019 第 5.2.5 条
主要关注点	防碰撞装置缺失、失效
检查方法	目测检查、动作试验
检查图例	
隐患图例	 

项目	3.8.5 缓冲器和端部止挡
检查内容及要求	在轨道上运行的起重机的运行机构、起重小车的运行机构等均应装设缓冲器或缓冲装置。缓冲器或缓冲装置可以安装在起重机上或轨道端部止挡装置上。轨道端部止挡装置应牢固可靠,防止起重机脱轨
规范标准及相关规定	《起重机械安全规程 第 1 部分:总则》GB 6067.1—2010 第 9.2.10 条;《起重机械安全技术规程》TSG 51—2023 第 A5.10 条、第 A5.16 条
主要关注点	1. 大车运行未设置缓冲器和端部止挡或设置不符合要求; 2. 起重小车未设置缓冲器和端部止挡或设置不符合要求
检查方法	目测检查
检查图例	

隐患图例

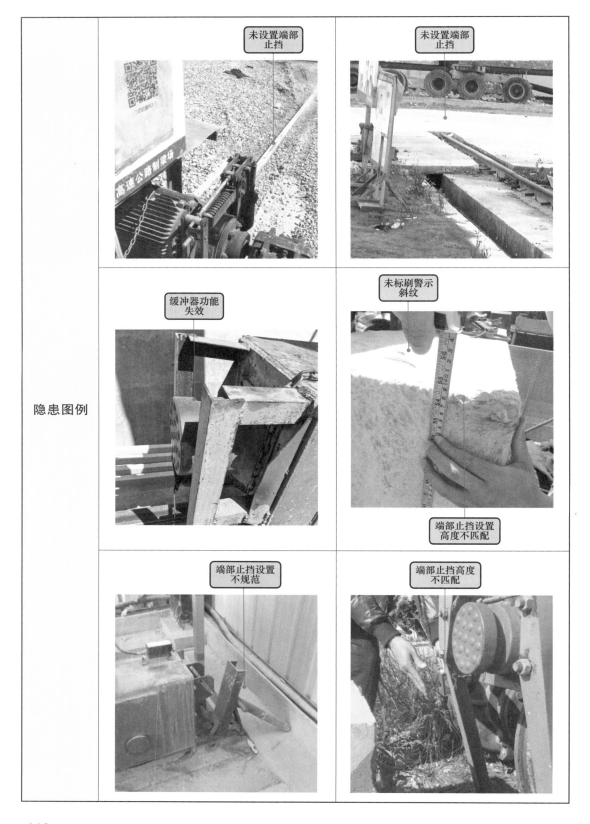

隐患图例

端部止挡高度不匹配

缓冲器损坏

缓冲器固定架设置不规范

缓冲器固定架变形

缓冲器缺失

端部止挡未设置警示色

端部止挡固定不牢

项目	3.8.6 起重量限制器
检查内容及要求	门式起重机械应装设起重量限制器并有效运行。当实际起重量超过 95% 额定起重量时,起重量限制器发出报警信号(机械式除外)。当实际起重量在 100%～110% 的额定起重量之间时,起重量限制器起作用,此时应自动切断起升动力源,但应允许机构作下降运动
规范标准及相关规定	《起重机械安全规程 第 1 部分:总则》GB 6067.1—2010 第 9.3.1 条;《起重机械安全技术规程》TSG 51—2023 第 2.8.1 条
主要关注点	未安装起重量限制器;或限制器短接失效,显示不准确,限载功能失效
检查方法	目测检查、动作试验
检查图例	起重量限制器传感器 起重量限制器传感器安装型式主要有吊钩式、钢丝绳张力式、轴承座式和定滑轮式四种 司机室内起重量限制器显示器
隐患图例	起重量限制器显示不准确 起重量限制器传感器脱落

隐患图例	起重量限制器传感器损坏 	显示器固定不牢靠 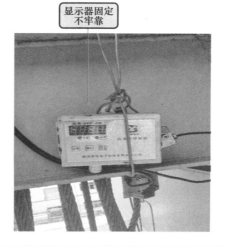
	显示器工作状态无显示 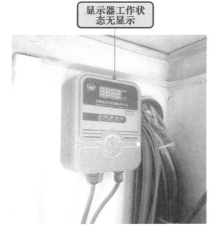	起重量限制器传感器脱落 
	起重量限制器传感器脱落 	

项目	3.8.7 紧急停止开关
检查内容及要求	1. 每台门式起重机应备有一个或多个可从操作控制站操作的紧急停止开关。当有紧急情况时,应能停止所有运动的驱动机构,紧急停止开关动作时不应切断可能造成物品坠落的动力回路。 2. 紧急停止开关应为红色,并且不能自动复位,设置在司机方便操作的地方
规范标准及相关规定	《起重机械安全规程 第 1 部分:总则》GB 6067.1—2010 第 6.2.4 条; 《起重机械安全技术规程》TSG 51—2023 第 2.6.1.4.1 条
主要关注点	紧急停止开关未设置或失效
检查方法	目测检查、动作试验
检查图例	  

隐患图例	 紧急停止开关损坏 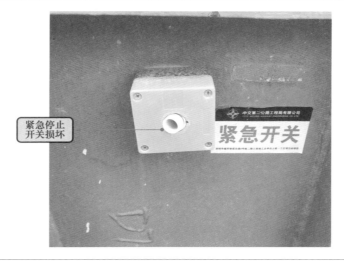 紧急停止开关损坏 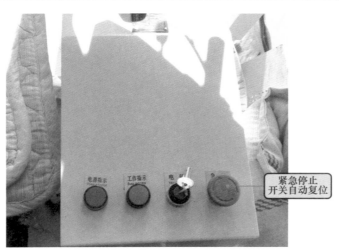 紧急停止开关自动复位

项目	3.8.8 轨道清扫器
检查内容及要求	当物料有可能积存在轨道上成为运行的障碍时,在轨道上行驶的起重机和起重小车,在台车架(或端梁)下面和小车架下面应装设轨道清扫器,其扫轨板底面与轨道顶面之间的间隙一般为 5~10mm
规范标准及相关规定	《起重机械安全规程 第 1 部分:总则》GB 6067.1—2010 第 9.6.2 条; 《起重机械安全技术规程》TSG 51—2023 第 A5.16 条
主要关注点	轨道清扫器缺失、影响大车运行
检查方法	目测检查、仪器测量
检查图例	 小车轨道清扫器  大车轨道清扫器

检查图例	 扫轨板底面与轨道顶面之间的间隙一般为5～10mm
隐患图例	 轨道清扫器与轨顶间距大于10mm
	 缺少轨道清扫器
	轨道清扫器固定端脱落

项目	3.8.9 联锁保护
检查内容 及要求	1. 进入门式起重机的门,和从司机室登上桥架的舱口门,应能联锁保护;当门打开时,应断开由于机构动作可能会对人员造成危险的机构的电源; 2. 司机室与进入通道有相对运动时,进入司机室的通道口,应设联锁保护:当通道口的门打开时,应断开由于机构动作可能会对人员造成危险的机构的电源; 3. 夹轨器等制动装置和锚定装置应能与运行机构联锁; 4. 可在两处或多处操作的起重机,应有联锁保护,以保证只能在一处操作,防止两处或多处同时都能操作; 5. 当既可以电动驱动,也可以手动驱动时,相互间的操作转换应能联锁
规范标准及 相关规定	《起重机械安全规程 第 1 部分:总则》GB 6067.1—2010 第 9.5 条; 《起重机械安全技术规程》TSG 51—2023 第 A4.1.2.10 条
主要关注点	联锁保护装置缺失、失效
检查方法	目测检查、动作试验
检查图例	 登机门联锁　　登机门联锁　　司机室门联锁 电动液压夹轨器联锁　　手动夹轨器联锁

隐患图例

登机门联锁失效

登机门联锁失效

司机室门联锁，
动作距离不足，
功能失效

未设置桥架舱
口门护栏联锁

夹轨器联锁限
位缺少碰撞杆
功能失效

夹轨器联锁限
位捆绑失效

项目	3.8.10 风速仪
检查内容及要求	门式起重机结构高度大于 12m 时,应安装风速风级报警器(风速仪)。风速仪应安装在起重机上部结构迎风处。当风速达到工作状态的限定值时,风速仪应能发出报警信号
规范标准及相关规定	《起重机械安全规程 第 1 部分:总则》GB 6067.1—2010 第 9.6.1 条;《建筑起重机械台风安全技术规程》SJG 55—2019 第 5.1.4 条
主要关注点	未显示实际风速值,达到风速限定值时不报警
检查方法	目测检查、仪器测量
检查图例	 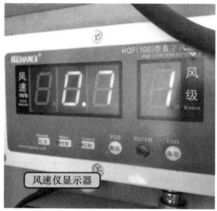
隐患图例	 

项目	3.8.11 防护罩、防护栏
检查内容 及要求	1. 在正常工作或维修时,为防止异物进入或防止零部件运行对人员可能造成的危险,应设有安全保护装置。起重机上外露的、有可能伤人的运动零部件,如开式齿轮、联轴器、传动轴、链轮、链条、传动带、皮带轮等,均应装设防护罩/栏。 2. 在露天工作的起重机上的电气设备应采取防雨措施
规范标准及 相关规定	《起重机械安全规程 第 1 部分:总则》GB 6067.1—2010 第 9.6.7 条
主要关注点	防护(雨)罩缺失、损坏
检查方法	目测检查
检查图例	 起重机上外露的、又有伤人可能的旋转零部件,如开齿轮、联轴器、传动轴,均应设置防护罩 传动轴防护罩 露天作业的起重机械的电气设备采取防雨措施

隐患图例	 缺少防护罩
	 防雨罩严重变形
	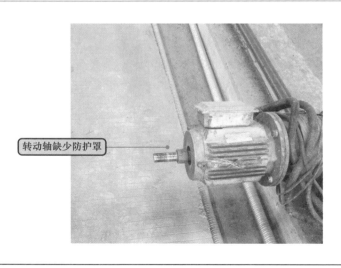 转动轴缺少防护罩

项目	3.8.12 导电滑线安全防护
检查内容及要求	1. 电源滑触线通常采用型钢、铜质刚性滑触线或安全滑触线,根据起重机运行环境及运行速度进行选择。 2. 滑触线应布置合理,与周围设备应有足够的安全距离,或采取安全防护措施,当人靠近时不会意外触及。物品(或吊钩)摆动时,不得碰触到滑触线。 3. 安全式滑触线的安装,应按设计规定或根据不同结构形式的要求进行,当滑触线长度大于200m时,应加装伸缩装置。 4. 安全式滑触线的连接应平直,支架夹安装应牢固,各支架夹之间的距离应小于3m。 5. 安全式滑触线支架的安装,当设计无规定时,宜焊接在轨道下的垫板上;当固定在其他地方时,应做好接地连接,接地电阻应小于4Ω。 6. 安全式滑触线的绝缘护套应完好,不应有裂纹及破损。 7. 滑接器拉管应完好灵活,耐磨石墨片应与滑触线可靠接触,滑动时不应跳弧,连接软电缆应符合载流量的要求。 8. 安全式滑触线的安装,接头接触面两侧高低差应一致;滑触线的中心线与移动设备轨道中心线、各相滑触线之间应平行。 9. 滑触线余留长度应大于200mm
规范标准及相关规定	《起重机械设计规范》GB 3811—2008; 《电气装置安装工程起重机电气装置施工及验收规范》GB 50256—2014
主要关注点	1. 绝缘防护外壳破损;滑触线、滑触器接线位置未采取绝缘防护措施;滑触线布局位置、高度不合理; 2. 滑触器触点灼烧严重,导电性能不良; 3. 滑触线导电条变形严重,滑触器无法正常通行; 4. 滑触线架固定不牢靠; 5. 滑触线支架接地电阻大于4Ω,滑触线余留长度小于200mm
检查方法	目测检查、仪器测量
检查图例	

隐患图例

滑触线接线端部防护破损

端头接线防护缺失　接线端子损坏

接线位置防护损坏

中间接头防护破损

杂草影响滑线安全使用

线缆沟内严重积水

项目	3.8.13 防倾翻安全钩
检查内容及要求	起重吊钩装在主梁一侧的单主梁起重机、有抗震要求的起重机及其他有类似防止起重小车发生倾翻要求的起重机,应装设防倾翻安全钩
规范标准及相关规定	《起重机械安全规程 第 1 部分:总则》GB 6067.1—2010 第 9.4.2 条;《起重机械安全技术规程》TSG 51—2023 第 A5.5 条
主要关注点	防倾翻安全钩、变形失效
检查方法	目测检查
检查图例	
隐患图例	

项目	3.8.14 偏斜显示(限制)装置
检查内容及要求	跨度大于 40m 的门式起重机宜装设偏斜指示器或限制器。当两侧支腿运行不同步而发生偏斜时,能向司机指示偏斜情况,在达到规定值时,还应使运行偏斜得到调整和纠正
规范标准及相关规定	《起重机械安全规程 第 1 部分:总则》GB 6067.1—2010 第 9.2.11 条;《起重机械安全技术规程》TSG 51—2023 第 A5.16 条
主要关注点	偏斜显示(限制)装置未安装或失效
检查方法	目测检查、动作试验
检查图例	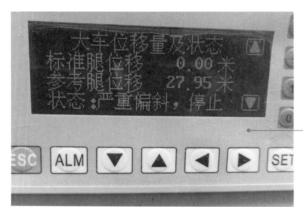 偏斜显示装置 大车运行传感器偏斜限制装置传感器

隐患图例

3.9　抗风防滑

项目	3.9.1 基本要求
检查内容及要求	1. 建筑起重机械非工作状态 10m 高处的计算风压,台风季为 1000Pa(岛屿、高地等特殊情况除外),非台风季为 800Pa(岛屿、高地等特殊情况除外); 2. 室外工作的轨道式起重机应装设可靠的抗风防滑装置,并应满足规定的工作状态和非工作状态抗风防滑要求; 3. 起重机有锚定装置时,锚定装置应能独立承受起重机非工作状态下的风载荷
规范标准及相关规定	《起重机械安全规程 第 1 部分:总则》GB 6067.1—2010 第 9.4 条; 《起重机械安全技术规程》TSG 51—2023 第 A5.2 条; 《建筑起重机械防台风安全技术规程》SJG 55—2019 第 3.2 条
主要关注点	缺少抗风防滑安全装置、抗风防滑装置不可靠
检查方法	目测检查
检查图例	 牵缆式地锚　手动夹轨器　电动铁楔　插销式地锚　铁鞋　电动液压夹轨器　简易夹轨器 抗风防滑装置　　产品使用说明书(深圳补充版)

项目	3.9.2 电动液压夹轨器
检查内容及要求	1. 工作状态下的抗风制动装置可采用制动器、轮边制动器、夹轨器、顶轨器、压轨器、别轨器等,其制动与释放动作应考虑与运行机构联锁并应能从控制室内自动进行操作; 2. 非工作状态下的抗风防滑设计,如果只采用制动器、轮边制动器、夹轨器、顶轨器、压轨器、别轨器等抗风制动装置,其制动与释放动作也应考虑与运行机构联锁,并应能从控制室内自动进行操作(手动控制防风装置除外)
规范标准及相关规定	《起重机械安全规程 第 1 部分:总则》GB 6067.1—2010 第 9.4 条; 《起重机械安全技术规程》TSG 51—2023 第 A5.2 条
主要关注点	1. 夹轨器连接螺栓松动、缺件; 2. 连接销轴脱落或磨损过度; 3. 油缸或油管存在漏油; 4. 液压油变质或油量不足
检查方法	目测检查
检查图例	电动弹簧式(即压夹紧过程)

隐患图例	未安装钳口 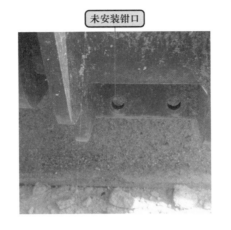	夹轨器与门式起重机 结构件连接处脱焊 
	夹轨器与门式起重 机结构连接不可靠 	连接处焊缝开裂 
	门式起重机非工作状态 下，液压夹轨器未动作 	

项目	3.9.3 插销式地锚
检查内容及要求	1. 起重机只装设抗风制动装置而无锚定装置的,抗风制动装置应能承受起重机非工作状态下的风载荷;当工作状态下的抗风制动装置不能满足非工作状态下的抗风防滑要求时,还应装设牵缆式、插销式或其他形式的锚定装置。起重机有锚定装置时,锚定装置应能独立承受起重机非工作状态下的风载荷。 2. 插销式地锚应由门式起重机制造商设计制造。使用单位需增加插销式地锚装置作为门式起重机防风措施时,应有设计文件及制造加工工艺说明,并经原制造商确认,方可自行加工、安装插销式地锚。原制造商的确认文件应作为插销式地锚的验收依据之一
规范标准及相关规定	《起重机械安全规程 第 1 部分:总则》GB 6067.1—2010 第 9.4 条; 《起重机械安全技术规程》TSG 51—2023 第 A5.2 条; 《建筑起重机械防台风安全技术规程》SJG 55—2019 第 5.2.1 条、第 5.2.2 条
主要关注点	插销变形和磨损、插销座脱落、地面插销孔堵塞
检查方法	目测检查、动作试验
检查图例	

139

项目	3.9.4 牵缆式地锚装置
检查内容 及要求	1. 起重机只装设抗风制动装置而无锚定装置的,抗风制动装置应能承受起重机非工作状态下的风载荷;当工作状态下的抗风制动装置不能满足非工作状态下的抗风防滑要求时,还应装设牵缆式、插销式或其他形式的锚定装置。起重机有锚定装置时,锚定装置应能独立承受起重机非工作状态下的风载荷。 2. 除常用的夹轨器、铁靴等自动或半自动抗风防滑装置外门式起重机还必须根据设备实际情况设置插销式地锚或牵缆式地锚作为重要防风技术措施。门式起重机抗风防滑装置应能满足《起重机设计规范》GB/T 3811—2008 中第 9.7.4.1 条的要求。 3. 牵缆式地锚由拉绳及地锚组成,门式起重机制造商提供的《产品使用说明书》应说明牵缆式地锚的规格、拉结方式及拉结点,且拉绳及地锚的受力计算满足建筑起重机械计算风压
规范标准及 相关规定	《起重机械安全规程 第 1 部分:总则》GB 6067.1—2010 第 9.4 条; 《起重机械安全技术规程》TSG 51—2023 第 A5.2 条; 《建筑起重机械防台风安全技术规程》SJG 55—2019 第 5.2.1 条、第 5.2.3 条
主要关注点	拉绳断裂、拉绳脱落、拉绳松弛、地锚脱出
检查方法	目测检查
检查图例	

拉绳下部固定点

门式起重机非工作状态下,牵缆式地锚可靠设置

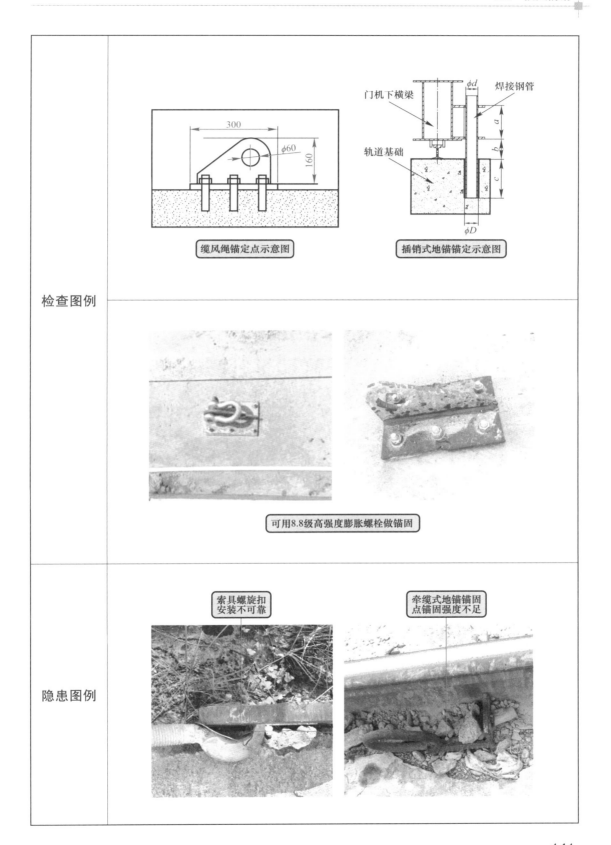

检查图例	缆风绳锚定点示意图　插销式地锚锚定示意图 可用8.8级高强度膨胀螺栓做锚固
隐患图例	索具螺旋扣安装不可靠　牵缆式地锚锚固点锚固强度不足

项目	3.9.5 铁鞋装置
检查内容及要求	门式起重机工作时铁鞋放置在机体上,应有可靠的防掉落和防止被挪用的措施,铁鞋无损坏
规范标准及相关规定	《起重机械安全规程 第 1 部分:总则》GB 6067.1—2010 第 9.4 条;《起重机械安全技术规程》TSG 51—2023 第 A5.2 条
主要关注点	铁鞋损坏
检查方法	目测检查
检查图例	 铁鞋 防止铁鞋被挪用的牵连装置

项目	3.9.6 手动夹轨器
检查内容 及要求	检查钳口夹紧情况、锚定可靠性以及电气保护装置的工作情况。夹轨器无变形且连接稳固(螺栓连接紧固、无缺件),手旋盘灵活无卡阻,能够承受起重机非工作状态下的风载荷
规范标准及 相关规定	《起重机械安全规程 第1部分:总则》GB 606 7.1—2010 第9.4条; 《起重机械安全技术规程》TSG 51—2023 第A5.2条
主要关注点	1.夹轨器连接螺栓松动、缺件; 2.夹轨器变形,钳口不能夹牢轨道; 3.手旋盘卡阻或失效
检查方法	目测检查、动作试验
检查图例	

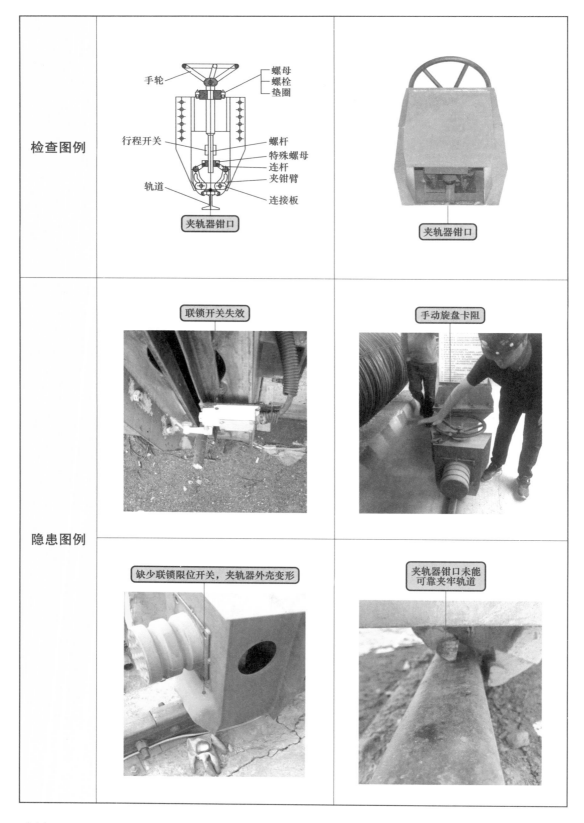

检查图例	螺母 螺栓 垫圈 手轮 行程开关 螺杆 特殊螺母 连杆 夹钳臂 轨道 连接板 夹轨器钳口	夹轨器钳口
隐患图例	联锁开关失效 缺少联锁限位开关，夹轨器外壳变形	手动旋盘卡阻 夹轨器钳口未能 可靠夹牢轨道

项目	3.9.7 简易夹轨器
检查内容及要求	检查钳口夹紧情况、锚定可靠性的工作情况。夹轨器无变形且连接稳固(螺栓连接紧固、无缺件),能够承受起重机非工作状态下的风载荷
规范标准及相关规定	《起重机械安全规程 第1部分:总则》GB 6067.1—2010 第9.4条;《起重机械安全技术规程》TSG 51—2023 第 A5.2 条
主要关注点	1. 夹轨器连接螺栓松动、缺件; 2. 夹轨器变形,钳口不能夹牢轨道
检查方法	目测检查、动作试验
检查图例	

隐患图例	 基础表面层过高，钳口不能有效夹轨固定	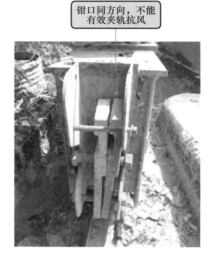 钳口同方向，不能有效夹轨抗风
	 钳体安装倾斜，钳口紧固不可靠	 未安装夹轨器

3.10　司　机　室

项目	3.10.1 灭火器
检查内容及要求	1. 每台起重机都应在司机室合适的位置安装灭火器； 2. 司机室灭火器类型为电气灭火器类型； 3. 压力指示为正常； 4. 灭火器未过期； 5. 配置符合《消防设施通用规范》GB 55036—2022 要求的消防器材
规范标准及相关规定	《通用门式起重机》GB/T 14406—2011 第 5.4.4.2 条； 《起重机司机室和控制站 第 1 部分:总则》GB/T 20303.1—2016 第 5.3.3.2 条； 《建筑灭火器配置验收及检查规范》GB 50444—2008 第 2.2.1 条
主要关注点	1. 灭火器压力不足； 2. 灭火器过期； 3. 灭火器类型不符； 4. 未设置灭火器
检查方法	目测检查
检查图例	
隐患图例	

项目	3.10.2 地板
检查内容及要求	1. 司机室地板应无锈蚀,裂纹等缺陷; 2. 司机室地板应为防滑的非金属隔热材料覆盖; 3. 司机室结构应具有足够的强度和刚度,与起重机的连接应安全可靠。结构及其连接端应能足以承受人员、电控设备、辅助设施和维修期间等产生的工作载荷以及起重机工作时产生的动载荷等
规范标准及相关规定	《起重机械安全规程 第 1 部分:总则》GB 6067.1—2010 第 3.5.8 条; 《起重机司机室和控制站 第 5 部分:桥式和门式起重机》GB/T 20303.5—2021 第 5.3 条
主要关注点	1. 司机室地板有锈蚀,裂纹等缺陷; 2. 司机室地板存在破损等现象; 3. 司机室地板无防滑功能
检查方法	目测检查
检查图例	地板无锈蚀,裂纹地板应防滑
隐患图例	地板破损司机室地板锈蚀

项目	3.10.3 固定
检查内容及要求	司机室应固定可靠,无缺陷(螺栓连接紧固、无缺件;销轴连接固定可靠;焊接无裂纹、脱焊等缺陷)
规范标准及相关规定	《起重机械安全技术规程》TSG 51—2023 第 2.7.1 条; 《起重机械安全规程 第 1 部分:总则》GB 6067.1—2010 第 3.5 条
主要关注点	1. 司机室螺栓连接松动、缺件; 2. 销轴固定不可靠; 3. 焊接存在裂纹、脱焊等缺陷
检查方法	目测检查
检查图例	 螺栓紧固可靠,有防松措施　连接件齐全、可靠
隐患图例	 司机室固定耳板变形

项目	3.10.4 操作装置
检查内容 及要求	操作装置完好,无缺件,操作指示标志清晰
规范标准及 相关规定	《起重机械安全规程 第 1 部分:总则》GB 6067.1—2010 第 3.5.10 条; 《起重机械安全技术规程》TSG 51—2023 第 2.7.1 条
主要关注点	1. 操作装置损坏,缺件; 2. 操作指示标志不清晰
检查方法	目测检查
检查图例	

项目	3.10.5 门窗
检查内容及要求	1. 司机室的窗离地板高度不到1m时,玻璃窗应做成不可打开的或加以防护,防护高度不应低于1m;玻璃窗应采用钢化玻璃或与其相当的材料。司机室地板上装有玻璃的部位也应加以防护。司机室底窗和天窗安装防护栏时,防护栏应尽可能不阻挡视线。 2. 当窗户允许打开时,应设置防止人员和材料坠落的保护措施。 3. 司机室观察窗完好,玻璃无破损,无遮挡。 4. 司机室门完好,无破损,门锁装置可靠
规范标准及相关规定	《起重机械安全规程 第1部分:总则》GB 6067.1—2010 第3.5.7条; 《起重机司机室和控制站 第1部分:总则》GB/T 20303.1—2016 第5.2.1条; 《起重机械安全技术规程》TSG 51—2023 第2.7.1条
主要关注点	1. 司机室玻璃破损; 2. 司机室门破损; 3. 司机室门锁装置损坏
检查方法	目测检查、仪器测量
检查图例	
隐患图例	

第 4 章
安全监控系统

4.1 安全监控管理功能要求的硬件功能检验

项目	4.1.1 安全监控管理功能要求的硬件功能检验
检查内容及要求	1.起重机械安全监控管理系统由硬件和软件组成,其功能单元构成如下:信息采集单元、信息处理单元、控制输出单元、信息存储单元、信息显示单元、信息输出接口单元等。当有远程监测要求时,应增加远程传输单元。 2.当起重机械集群作业时,系统应留有相应接口,用于与远程监测中心的信息交换
规范标准及相关规定	《起重机械安全监控管理系统》GB/T 28264—2017 第 4.1 条
主要关注点	硬件缺失
检查方法	资料审查、目测检查
检查图例	

项目	4.1.2 管理权限的设定
检查内容及要求	现场核实系统管理员的授权,应设置人脸识别或虹膜识别功能
规范标准及相关规定	《起重机械安全监控管理系统》GB/T 28264—2017 第 7.17 条
主要关注点	门式起重机未经授权可以启动
检查方法	动作试验
检查图例	 司机室人脸识别装置

项目	4.1.3 故障自诊断
检查内容 及要求	开机进入系统后,现场核实系统应有运行自检的程序,并且显示自检结果;系统应具有故障自诊断功能。系统自身发生故障而影响正常使用时,应能立即发出报警信号
规范标准及 相关规定	《起重机械安全监控管理系统》GB/T 28264—2017 第 7.9 条; 《起重机械安全技术规程》TSG 51—2023 第 C3.11.9.2 条
主要关注点	1. 系统无故障自诊断功能; 2. 系统自身发生故障而影响正常使用时,无报警信号
检查方法	目测检查、动作试验
检查图例	

项目	4.1.4 报警装置
检查内容及要求	在空载的条件下,通过按急停或者系统设计的报警信号现场验证起重机械的各种报警装置的动作。检查系统的报警装置应能向起重机械操作者和处于危险区域的人员发出清晰的声、光报警信号
规范标准及相关规定	《起重机械安全监控管理系统》GB/T 28264—2017 第 7.15 条;《起重机械安全技术规程》TSG 51—2023 第 C3.11.9.3 条
主要关注点	1. 无报警装置; 2. 报警装置无清晰的声、光报警信号
检查方法	目测检查
检查图例	作业区域内声光报警装置发出清晰的声、光报警信号 内置蜂鸣器对门式起重机司机发出清晰的声音报警信号
隐患图例	声、光报警装置损坏 监控装置声、光报警信号失效

项目	4.1.5 通信协议开放性
检查内容 及要求	系统应有对外开放的硬件接口,查阅相关说明书中通信协议的内容,应符合国家现行标准规定的 MODBUS、TCP/IP、串口等对外开放的协议;现场验证系统通过以太网或者 USB 接口应能方便地将记录数据导出
规范标准及 相关规定	《起重机械安全监控管理系统》GB/T 28264—2017 第 7.16 条; 《起重机械安全技术规程》TSG 51—2023 第 C3.11.9.1 条
主要关注点	无接口、通信协议
检查方法	资料审查、目测检查、试验验证
检查图例	
隐患图例	

项目	4.1.6 显示信息的清晰度
检查内容及要求	在起重机械驾驶人员（司机）座位上，斜视 45°，应可以清晰完整地观察到整个监控画面，包括视频系统的画面，画面上显示的信息不刺目、不干扰视线，清晰可辨
规范标准及相关规定	《起重机械安全监控管理系统》GB/T 28264—2017 第 7.13 条；《起重机械安全技术规程》TSG 51—2023 第 C3.11.9.5 条
主要关注点	1. 画质模糊； 2. 司机观察视角无法清晰地观察到整个监控画面
检查方法	目测检查
检查图例	观察到的显示屏画面应清晰 显示屏 司机观察视角
隐患图例	监控系统界面反光，不清晰

项目	4.1.7 系统信息采集源
检查内容及要求	信息采集源应包含:起重量限制器,起升高度限位器/下降深度限位器,运行行程限位器,偏斜限位器,联锁保护安全装置(门限位、机构之间的运行连锁),抗风防滑装置,风速仪装置,同一或不同一轨道运行机构防碰撞装置,超速保护装置,供电电缆卷筒安全限位,起升机构制动器
规范标准及相关规定	《起重机械安全监控管理系统》GB/T 28264—2017 第 5.2.1 条; 《起重机械安全技术规程》TSG 51—2023 第 A4.1.6.1 条
主要关注点	信息采集装置不齐全
检查方法	目测检查
检查图例	

4.2 监控参数

项目	4.2.1 起重量
检查内容 及要求	现场起升载荷,显示器上应准确显示所吊运物体的重量,称重数值不少于两位小数点,计量单位:吨(t)
规范标准及 相关规定	《起重机械安全技术规程》TSG 51—2023 第 A4.1.6.2 条
主要关注点	数据不准确、无数据
检查方法	目测检查、试验验证
检查图例	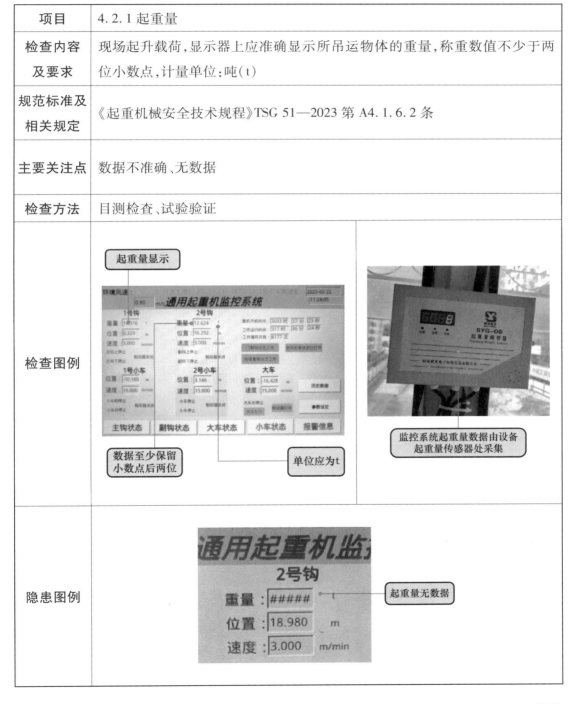
隐患图例	

项目	4.2.2 起升高度(下降深度)
检查内容及要求	显示屏幕上准确并能实时显示所吊运物体的起升高度和下降深度
规范标准及相关规定	《起重机械安全监控管理系统》GB/T 28264—2017 第 7.3.3 条;《起重机械安全技术规程》TSG 51—2023 第 A4.1.6.2 条
主要关注点	数据不准确、无数据
检查方法	目测试验、试验验证
检查图例	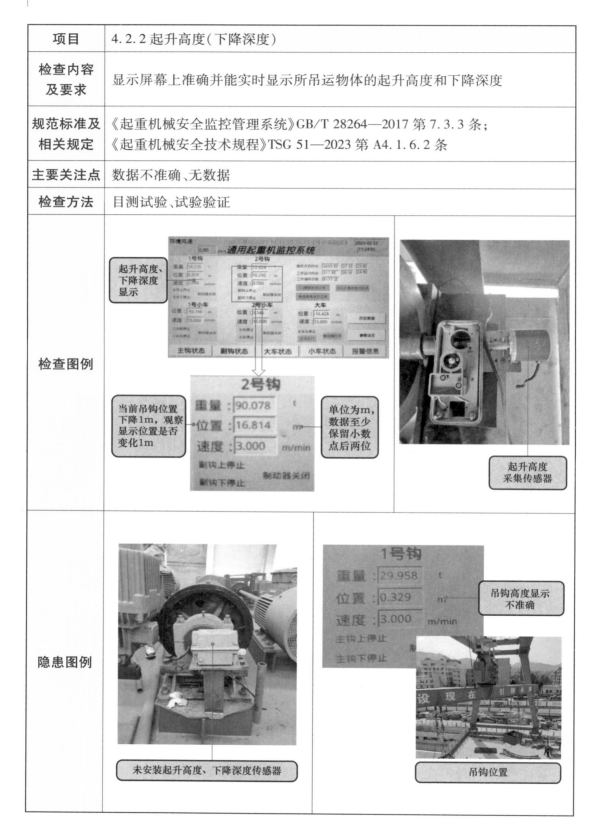
隐患图例	

项目	4.2.3 运行行程
检查内容 及要求	显示屏幕上,应能够实时并准确显示大车、小车行程位置信息。 在空载的条件下,将小车运行到某一位置,记录显示屏上小车运行行程的数值为 $S0$,并且在小车运行的轨道上相应位置做标记,缓慢开动小车,移动一定的距离(一般不少于 10mm),显示屏上小车运行行程的数值应实时变化,待小车稳定后记录显示屏幕上行程数值为 $S1$ 并且在运行的轨道上做标记;用卷尺等检测仪器测量两处标记的距离为 s,按照公式 $S = \lvert S1-S0 \rvert$ 计算出系统显示的距离,S 与 s 数值应一致(大车运行的行程验证方法同上)
规范标准及 相关规定	《起重机械安全监控管理系统》GB/T 28264—2017 第 7.3.4 条; 《起重机械安全技术规程》TSG 51—2023 第 A4.1.6.2 条
主要关注点	数据不准确、无数据
检查方法	目测检查、试验验证
检查图例	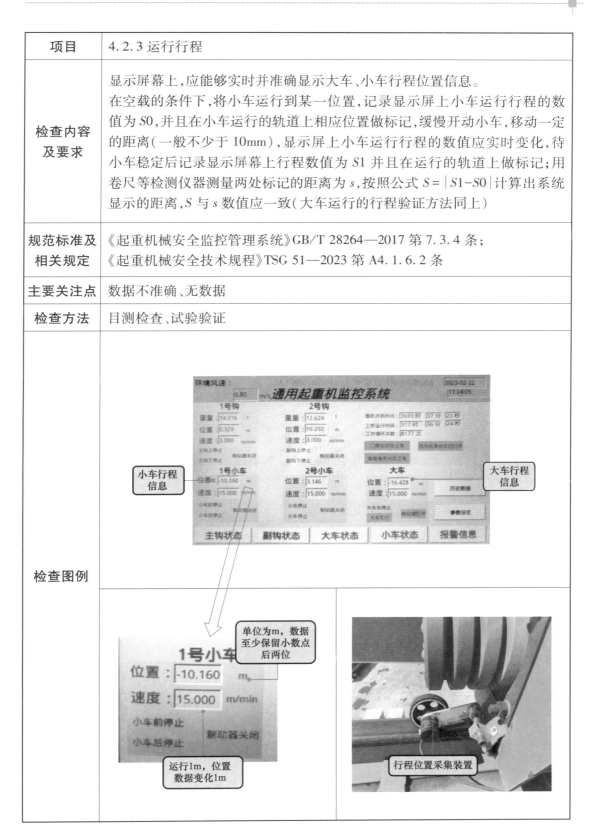

项目	4.2.4 风速
检查内容及要求	系统应实时显示风速值,记录当前风速值,查看风速仪合格证;测量与起重机风速仪同一位置的风速,与显示值比较应一致。现场验证时调低试验报警门槛值,察看其有效性,系统应能立即发出警报信号,在司机室和起重机周围应能清晰地观察到声、光报警信号,起重机应能停止运行
规范标准及相关规定	《起重机械安全监控管理系统》GB/T 28264—2017 第 7.3.8 条;《起重机械安全技术规程》TSG 51—2023 第 A4.1.6.2 条
主要关注点	1. 数据不准确,无数据; 2. 无声、光报警信号; 3. 风速超设定值,设备无法停机
检查方法	目测检查、试验验证
检查图例	 风速数据显示　　　　　　　风速采集装置
隐患图例	 风速显示与实际不一致

项目	4.2.5 大车运行偏斜
检查内容及要求	在空载的条件下,慢速、点动操作起重机两侧支腿电动机,模拟大车运行偏斜状态,观察系统应显示并且能发出报警信号
规范标准及相关规定	《起重机械安全监控管理系统》GB/T 28264—2017 第 7.3.6 条; 《起重机械安全技术规程》TSG 51—2023 第 A4.1.6.2 条
主要关注点	1. 无报警信号; 2. 无监测数据
检查方法	目测检查、试验验证
检查图例	 偏斜数据显示　　偏斜数据传感器
隐患图例	 无大车偏斜数据显示,无报警信号

项目	4.2.6 同一或者不同一轨道运行机构安全距离
检查内容及要求	根据产品的设计要求及相关标准要求,检查系统应设置有安全距离:当小于设定的安全距离时,系统应有正确响应。现场设置信号反射器具如光感距离传感器,检查起重机械同一或者不同一轨道存在碰撞危险时,在司机室和起重机械周围应能清晰地观察到声、光报警信号,起重机械应停止运行
规范标准及相关规定	《起重机械安全监控管理系统》GB/T 28264—2017 第 7.4.4 条;《起重机械安全技术规程》TSG 51—2023 第 A4.1.6.3 条
主要关注点	1. 数据不准确,无数据; 2. 无声、光报警信号; 3. 安全距离小于设定值时,设备无法停机
检查方法	目测检查、试验验证
检查图例	 安全距离大于200mm 门式起重机限位开关动作发出信号 安全距离大于200mm 红外线信号检测到反光板位置发出信号 系统接收信号显示起重机位置

项目	4.2.7 操作指令
检查内容及要求	在空载的条件下,根据现场实际情况,对起重机械的动作进行操作验证,各种动作在显示器上应实时显示。试验后,查看相关的记录,信息应能保存和回放
规范标准及相关规定	《起重机械安全监控管理系统》GB/T 28264—2017 第 7.3.10 条; 《起重机械安全技术规程》TSG 51—2023 第 A4.1.6.2 条
主要关注点	1. 动作操作时,显示器上无实时显示; 2. 无相关记录保存、回放功能
检查方法	目测检查、试验验证
检查图例	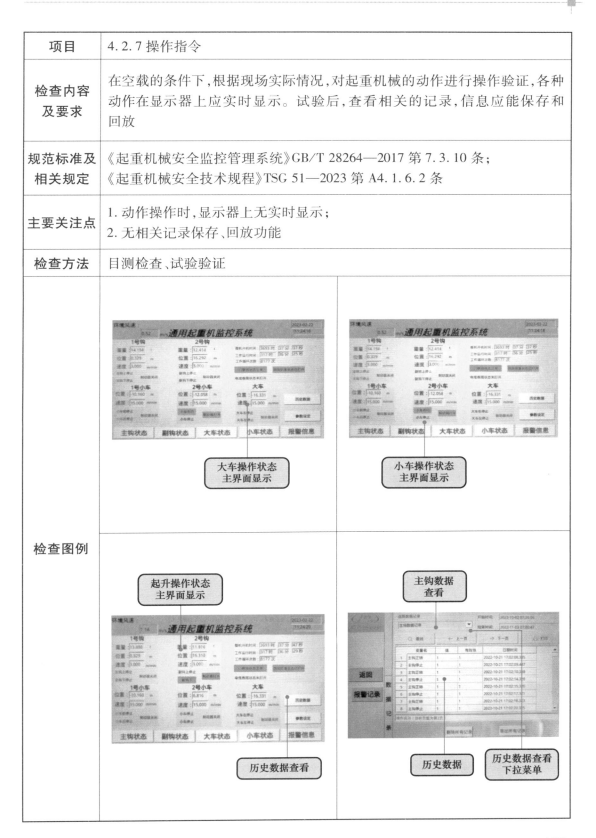

项目	4.2.8 累计工作时间
检查内容及要求	系统应能显示和记录工作时间,计量起重机械各机构动作时间点、时间段,与监控系统对应值比较
规范标准及相关规定	《起重机械安全监控管理系统》GB/T 28264—2017 第 7.3.13 条;《起重机械安全技术规程》TSG 51—2023 第 A4.1.6.2 条
主要关注点	无实时显示和记录工作时间功能、无累计工作时间
检查方法	目测检查、试验验证
检查图例	

项目	4.2.9 每次工作循环
检查内容 及要求	显示屏幕上应有工作循环的次数。根据起重机械的特点记录每个工作循环的次数。调取试验过程中存储的时间数据,检查系统已完成的工作循环应能全部记录和存储
规范标准及 相关规定	《起重机械安全监控管理系统》GB/T 28264—2017 第 7.3.14 条; 《起重机械安全技术规程》TSG 51—2023 第 A4.1.6.2 条
主要关注点	系统无记录和存储功能,无工作循环次数
检查方法	目测检查
检查图例	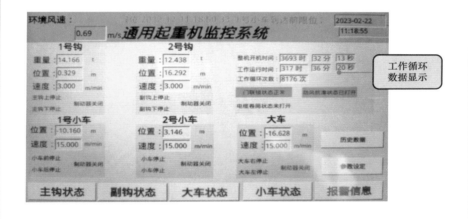

4.3　监 控 状 态

项目	4.3.1 起升机构制动器的开闭
检查内容及要求	在空载的条件下,进行起升机构动作的操作,对于两个以上(含两个)起升机构的起重机械,分别验证其制动状态,在系统的显示屏上应能实时显示制动状态的信号
规范标准及相关规定	《起重机械安全监控管理系统》GB/T 28264—2017 第 7.4.1 条; 《起重机械安全技术规程》TSG 51—2023 第 A4.1.6.3 条
主要关注点	无显示信号,信号显示错误
检查方法	目测检查、试验验证
检查图例	

项目	4.3.2 抗风防滑状态
检查内容 及要求	现场查看抗风防滑装置的形式,进行夹轨器、锚定等抗风防滑装置的闭合性 试验,监控系统显示的抗风防滑装置状态应与动作状态一致
规范标准及 相关规定	《起重机械安全监控管理系统》GB/T 28264—2017 第 7.4.2 条; 《起重机械安全技术规程》TSG 51—2023 第 A4.1.6.3 条
主要关注点	无状态显示功能;显示状态与动作状态不一致
检查方法	目测检查、试验验证
检查图例	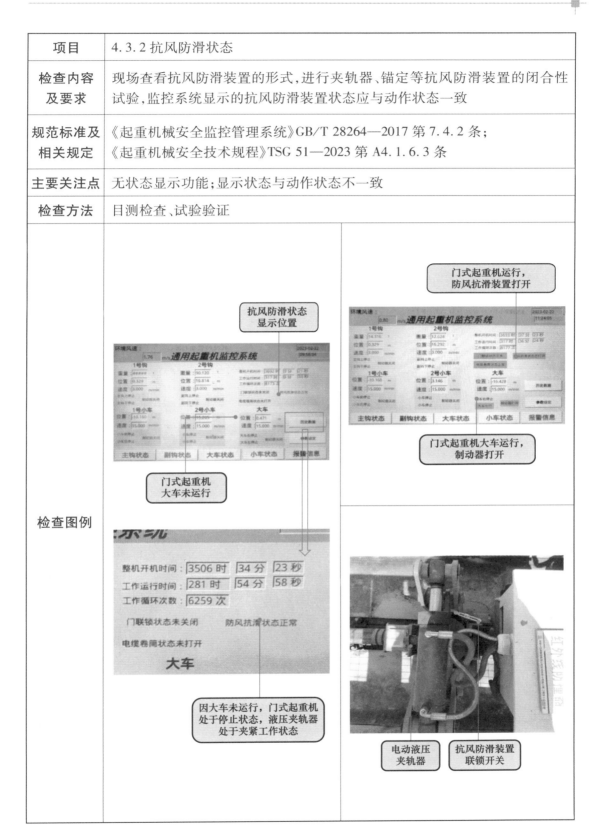

项目	4.3.3 联锁保护(门联锁和机构之间的运行联锁)
检查内容 及要求	联锁保护验证方法如下: 1. 门限位:进行门限位开关闭合试验,检查系统显示与门限位状态是否一致,并实时记录和显示该项目; 2. 机构之间的运行联锁:在空载条件下,分别进行两机构的动作,其联锁应满足规定要求,系统应实时记录并显示联锁状态
规范标准及 相关规定	《起重机械安全监控管理系统》GB/T 28264—2017 第 7.4.3 条; 《起重机械安全技术规程》TSG 51—2023 第 A4.1.6.3 条
主要关注点	无显示功能;显示状态与实际不一致
检查方法	目测检查、试验验证
检查图例	 

项目	4.3.4 供电电缆卷筒状态
检查内容 及要求	系统应能够监控供电电缆卷筒状态保护开关(过紧或者过松)的动作状态:现场操作供电电缆卷筒状态保护开关断开或者闭合,系统应能识别供电电缆卷筒的状态。系统应能够监控供电电缆卷筒状态保护开关和起重机械大车运行机构的联锁状态;当供电电缆卷筒状态保护开关断开时,操作起重机械大车运行机构启动,系统应能够发出报警信号,并且禁止大车运行机构运动
规范标准及 相关规定	《起重机械安全监控管理系统》GB/T 28264—2017 第 7.4.6 条; 《起重机械安全技术规程》TSG 51—2023 第 A4.1.6.3 条
主要关注点	无显示功能;显示状态与实际不一致
检查方法	目测检查、试验验证
检查图例	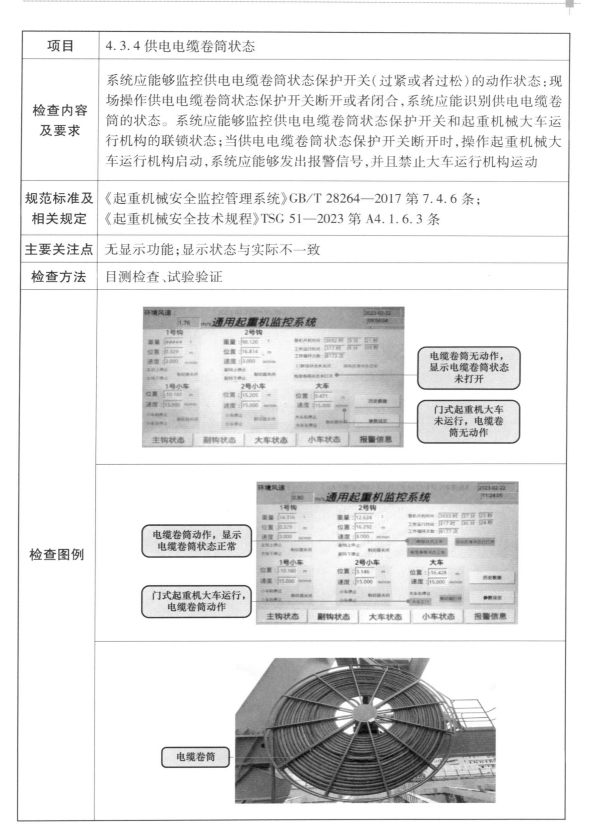

项目	4.3.5 视频系统
检查内容 及要求	现场查看视频系统,包括装设摄像头数量、安装位置、所监控的范围。在一个工作循环的时间内,在视频系统的屏幕上应能观察到起重机械主要机构各主要工况实时工作的监控画面。整个视频系统应全程监控起重机械工作的过程,应能做到实时监控。一个工作循环后,调取相关视频的信息,这些状态的信息应完整保存,视频存储时间不少于连续 72h
规范标准及 相关规定	《起重机械安全监控管理系统》GB/T 28264—2017 第 7.5 条; 《起重机械安全技术规程》TSG 51—2023 第 A4.1.6.4 条
主要关注点	1. 摄像头数量、安装位置、所监控的范围不符合要求; 2. 无视频保存功能; 3. 监控装置损坏
检查方法	目测检查
检查图例	

4.4 信息采集和储存

项目	4.4.1 实时性
检查内容及要求	进行空载试验时,系统应具有起重机械作业状态的实时显示功能,能以图形、图像、图标和文字的方式显示起重机械的工作状态和工作参数。试验结束后,调取保存的记录,起重机械运行状态及故障信息应有实时记录功能。系统存储的数据信息或者图像信息应包含数据或者图像的编号,时间和日期与试验的数据应一致
规范标准及相关规定	《起重机械安全监控管理系统》GB/T 28264—2017 第 7.7 条;《起重机械安全技术规程》TSG 51—2023 第 A4.1.6.7 条
主要关注点	无实时显示功能或显示数据与实际不一致
检查方法	目测检查、试验验证
检查图例	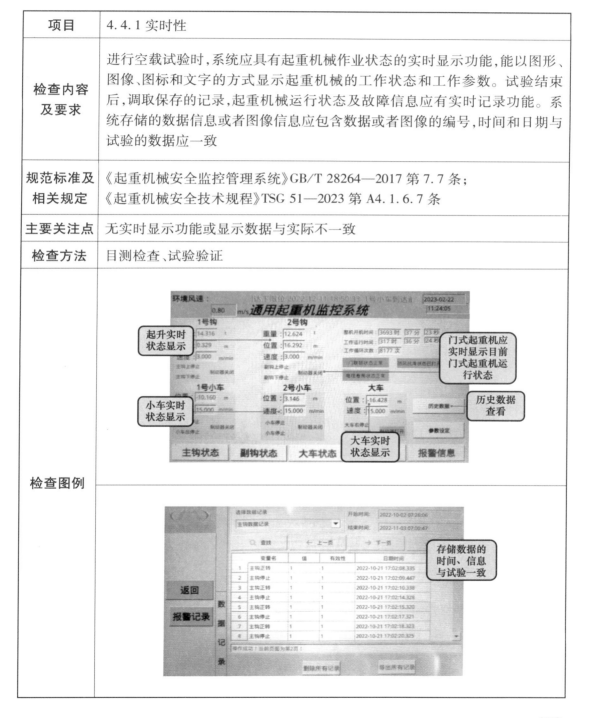

项目	4.4.2 断电后信息的保存
检查内容及要求	系统应有独立的电源即 UPS 电源或者电瓶等装置,起重机械主机电源断电后,系统应能持续工作。调取连续作业时间内存储的数据,起重机械数据应完整保存
规范标准及相关规定	《起重机械安全监控管理系统》GB/T 28264—2017 第 7.11 条; 《起重机械安全技术规程》TSG 51—2023 第 A4.1.6.7 条
主要关注点	1. 无独立电源; 2. 无断电后数据保存功能
检查方法	目测检查、试验验证
检查图例	信息存储装置 历史数据查看 历史数据完整,与实际作业情况一致

项目	4.4.3 信息采集和储存——存储时间
检查内容及要求	根据设备的使用情况,对于系统工作时间超过 30 天的起重机械,现场调取之前存储的文件,查看文件的原始完整性和存储情况:存储时间应不少于 30 个连续工作日。对于系统工作时间不超过 30 天的起重机械,现场查阅存储的文件,计算一个工作循环的时间内储存文件大小,推算出应能达到标准中所规定的要求,数据存储时间应不少于 30 个连续工作日,视频存储时间应不少于 72h
规范标准及相关规定	《起重机械安全监控管理系统》GB/T 28264—2017 第 7.12 条; 《起重机械安全技术规程》TSG 51—2023 第 A4.1.6.7 条
主要关注点	1. 无存储功能; 2. 存储周期小于 30 个连续工作日
检查方法	目测检查
检查图例	 查看有无30天内作业信息

项目	4.4.4 历史追溯性
检查内容 及要求	调取连续工作一个工作循环过程中存储的所有信息,系统存储的数据信息或者图像信息应包含数据或者图像的编号,时间和日期与试验的数据应一致,应能追溯到起重机械的运行状态及故障报警信息
规范标准及 相关规定	《起重机械安全监控管理系统》GB/T 28264—2017 第 7.8 条; 《起重机械安全技术规程》TSG 51—2023 第 A4.1.6.7 条
主要关注点	无历史追溯性功能
检查方法	目测检查
检查图例	

4.5　安全监控系统应用要求

项目	4.5.1 硬件
检查内容 及要求	检查系统是否有信号采集单元、信号处理单元、控制输出单元、信息存储单元、信息显示单元、信息输出接口单元等硬件设施
规范标准及 相关规定	《起重机械安全监控管理系统》GB/T 28264—2017 第 7.8 条
主要关注点	硬件缺失
检查方法	目测检查
检查图例	

安全监控管理系统主要配置表

序号	项目	名称		型号规格（数据）	备注
		分项	传感器名称	型号规格	说明
8	信息采集器	(1)起重量检测装置	称重传感器	QCX-MB-4-160t	
		(2)起重力矩检测装置	——	——	测起重量和工作幅度
		(3)起升高度/下降深度检测装置	编码器	MES-500	
		(4)运行行程检测装置	计米轮	MSE-0.01	大、小车
		(5)工作幅度检测装置	——	——	
		(6)大车运行偏斜检测装置	——	——	
		(7)登机门安全联锁装置	限位开关	LX10-11	
		(8)司机室门安全联锁装置	限位开关	LX10-11	
		(9)机构间运行联锁装置	主令器、接触器	YGK5	
		(10)整体水平度检测装置	——	——	
		(11)抗风防滑装置状态检测装置	电动液压夹轨器	TZJ-150	
		(12)风速检测装置	风速传感器	RS-FS-120	4~20Ma 0~30 米
		(13)回转角度检测装置	——	——	
		(14)大车运行防撞安全距离检测装置	光电开关	E3JK-DR12-C	
		(15)支腿垂直度检测装置	——	——	
		(16)超速保护装置	超速开关	HLY1-740	
		(17)供电电缆卷筒安全限位装置	限位开关	LX10-11	
		(18)起升制动器状态检测装置	限位开关	LX10-11	
		(19)开孔状态检测装置	——	——	
		(20)视频传感器	——	——	

核对传感器清单

各部件安装位置

177

项目	4.5.2 传感器			
检查内容及要求	监控传感器名称	性能要求	性能要求	性能要求
	起重量传感器	监测范围 0～99.99t,载重分辨率0.1t	防碰撞传感器	依据型号确定
	起升高度/下降深度传感器	精度:0.10m	超速保护传感器	依据型号确定
	运行行程传感器	精度:0.10m	起升机构传感器	依据型号确定
	偏斜传感器	角度监测精度±2°	GPS定位传感器	定位精度<5m
	联锁保护装置	依据型号确定	生物识别模块	应采用人脸识别或虹膜识别
	抗风防滑传感器	依据型号确定	视频监控	应使用支持《公共安全视频监控联网系统信息传输、交换、控制技术要求》GB/T 28181—2022的摄像头,支持H.265视频编码标准和支持1080P的视频显示格式,具有红外功能
	风速传感器	风速分辨率0.1m/s		
检查图例	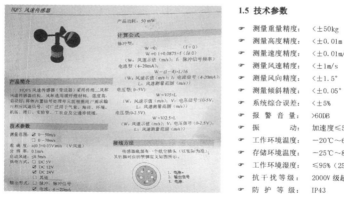 核对产品说明书,确保传感器参数符合要求			

第 5 章

相关问题探讨

5.1 轨道固定采用螺栓压板方式的探讨

项目	5.1 轨道固定采用螺栓压板方式的探讨
国内现状	目前门式起重机轨道固定方式主要分为钩形螺杆固定方式（图 5-1-1、图 5-1-2）、焊接与螺栓联用固定方式（图 5-1-3、图 5-1-4）、压板固定方式（图 5-1-5、图 5-1-6）等。 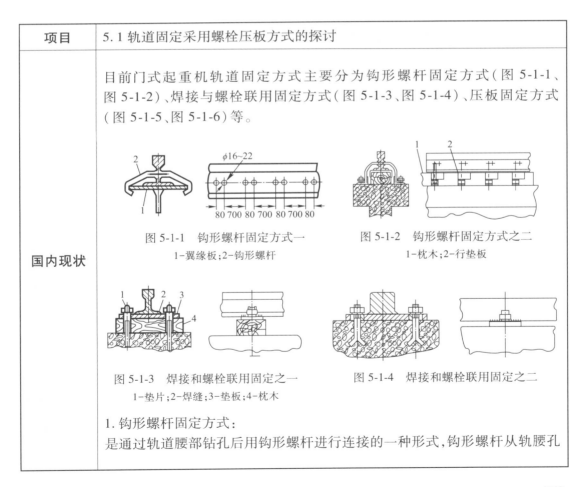 图 5-1-1　钩形螺杆固定方式一 1-翼缘板；2-钩形螺杆 图 5-1-2　钩形螺杆固定方式之二 1-枕木；2-行垫板 图 5-1-3　焊接和螺栓联用固定之一 1-垫片；2-焊缝；3-垫板；4-枕木 图 5-1-4　焊接和螺栓联用固定之二 1. 钩形螺杆固定方式： 是通过轨道腰部钻孔后用钩形螺杆进行连接的一种形式，钩形螺杆从轨腰孔

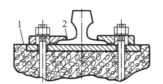
图 5-1-5　压板固定之一
1-混凝土梁或基座;2-垫板

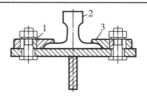
图 5-1-6　压板固定之二
1-垫片;2-钢轨;3-压板

穿过,再用螺母将轨道固定(图 5-1-7),该方式一般采用工字钢作为专门的基础结构,对基础要求较高,由于均为金属结构,运行时噪声较大,检修空间小,对固定牢固及稳定性要求高,但便于施工建设速度快。

2. 焊接与螺栓联用固定方式:

是通过在地面上将具有长孔的垫片焊在钢轨或方轨的底部,然后吊装到承轨梁的地脚螺栓上面进行固定(图 5-1-8),需要注意的是这种方法对地脚螺栓的选择,安装质量要求很高及垫板的焊接应准确且需压实消除应力集中,不允许出现脱焊现象,否则会造成孔与螺杆出现对不齐、对不准的情况,导致安装困难且存在质量缺陷。

3. 压板固定方式:

压板固定方式分为焊接压板和螺栓压板固定,其中焊接压板固定是通过在承轨梁内预埋钢板,再利用轨道预压将压板与轨道压实并焊接在钢板上的方法(图 5-1-9、图 5-1-10);螺栓压板固定是通过在承轨梁内预埋螺栓孔,再通过压板螺栓旋紧后将轨道紧固在轨道梁上的方法(图 5-1-11),由于轨道铺设在混凝土支撑梁上,支撑梁面积较大便于人员对轨道的检修工作,其运行平稳、振动噪声小

国内现状

图 5-1-7　钩形螺杆实景图

图 5-1-8　焊接与螺栓连用固定实景图

图 5-1-9　轨道预压
实景图

图 5-1-10　焊接压板实景图

图 5-1-11　螺栓压板实景图

分析原因	1. 工艺原因： （1）钩形螺杆固定方式对基础施工要求高，不同于普通的混凝土梁，其需要搭设专门的工字钢作为基础。固定在钢支承轨梁上时，当翼缘板宽度大于400mm时需要较长螺杆，会极大地降低其牢固性，受其施工要求和使用特定性，在特定场合使用。 （2）焊接与螺栓联用固定方式容易受焊接质量和水平精准度等影响，一是在轨道施工过程中焊缝可能存在漏焊、脱焊、焊缝不饱满等缺陷；二是控制精度不够会导致螺杆与开孔无法匹配；三是轨道后期运行使用中容易发生跳动；四是由于施工工艺原因，不便于后期对轨道纠偏。 （3）压板固定方式是通过将压板对称布置在轨道两侧来支撑垂直受力和侧向受力，该方式分为焊接压板和螺栓压板固定两种方式，其中焊接压板方式在轨道施工过程中焊缝可能存在漏焊、脱焊、焊缝不饱满等缺陷。螺栓压板在门式起重机使用过程中固定螺母易松动，在日常检查过程中要及时复紧。 2. 其他原因： （1）轨道采用螺栓压板方式方便后期移装、拆除，节约工序时间。 （2）多数铺设在混凝土支撑梁上，其面积较大时可以设置人行通道，便于轨道检查维修。 （3）施工单位通常会选用混凝土轨道基础，但由于门式起重机载荷量大，受地下扰动影响，随着使用时间的增加，易造成轨道基础局部或整体沉降，导致轨道发生变形、断裂、位移等隐患，使用螺栓压板方式方便后期将轨道临时拆除，对轨道基础进行加固，更换破损的轨道及调整轨道角度
轨道固定采用螺栓压板方式的探讨	1. 相比其他轨道固定方式，螺栓压板的固定方式更方便日常维修保养，如轨道的换旧调整、更换部件等； 2. 能够通过水平方向螺栓孔的调整保证压板与轨道具有可靠的接触，预防轨道在受热胀冷缩时引起轨道纵向移动磨损，当出现压板螺栓松动和压板转动时能够及时进行人工复紧调整； 3. 在竖直方向能够通过铺设垫块的方式调整高度，利用轨道压板对轨道进行预压紧，有效防止轨道在受到更大压力时产生局部变形，避免造成螺栓松动和各部件的损坏

5.2　在双轨道两端均设置大车运行限位的建议

项目	5.2 在双轨道两端设置大车运行限位的建议
国内现状	根据国家标准要求,门式起重机大车应在每个运行方向装设运行行程限位器,在达到设计规定的极限位置时自动切断前进方向的动力源,防止越轨。运行行程限位器有多种形式,以机械式限位器(图 5-2-1)和红外感应限位器(图 5-2-2)最为常见,其中机械式限位器是当运动部件运行至规定位置时,使机械开关碰撞碰尺来切断前进方向的动力源。红外感应限位器是利用被检测物体对红外线光束的遮光或反向,由同步回路而检测物体的有无。  图 5-2-1　机械式限位器　　　　图 5-2-2　红外感应限位器 通常情况下国内门式起重机只在大车运行方向双轨道一侧或同轨道两侧装设一套运行行程限位器(见图 5-2-3,在双轨道一侧 AB 两端或 CD 两端装设行程限位器切断向左或向右运行方向动力源;在同轨道两侧 AC 两端或 BD 两端装设行程限位器切断同轨道左右侧运行方向动力源),限制其运行范围,防止门式起重机越轨事故的发生  图 5-2-3　红外感应限位器举例
分析原因	安装机械式限位器方式:选取市面上常用的一款门式起重机行程开关,将其与大车运行电源线串联,并在指定位置安装碰尺,安装完成后当运行至碰尺范围就会切断动力源。 安装红外感应限位器方式:如图 5-2-3、图 5-2-4 所示,可以选取市场上流行的一款红外感应限位器装置,它能够满足以下情况:(1)感知精度高;(2)感知距离远,能够自主调节距离;(3)防腐蚀;(4)抗光/电磁影响;(5)适应温度 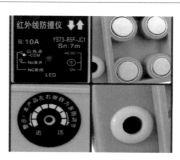 图 5-2-4　红外感应限位器展示

分析原因	变化;(6)具有防水功能。举例,在安装时根据门式起重机所接电源线选取参数为220V电压,控制电压≤380V,检测频率为50～150Hz,最大感知距离为6m,工作温度适应当地温度变化,防护等级在IP61～IP67范围内,能够不受灰尘影响,考虑安装的便捷性可以选择带有磁吸底座,将其串入运行设备中,安装后当感知存在不透明物体时指示灯就会常亮警示,从而切断动力源,阻止物体运行
采取对策	1. 外界因素: 考虑到房屋市政工程施工现场人员密集、流动性大、作业繁琐等危险有害因素,如果在大车双轨道一侧或同轨道两侧运行方向只装设一套行程限位器(见图5-2-5,大车左侧运行方向会出现四种情况:(1)在AB端只设置机械式限位器,当人员闯进门吊运行区域内,出现在左侧大车与碰尺距离之间时,机械式限位器无法感知人员流动,在未碰及碰尺前会继续向左侧运行,A端和B端均为危险区域;(2)在AB端只设置红外感应限位器,当突发情况下红外感应失效,没有设置机械式限位器,大车出现溜车情况会直接撞上止挡;(3)只在AC两端或BD两端设置机械式限位器,当人员出现在BD端或AC端时,同第一种情况,机械式限位器无法发挥作用,AC端和BD端均为危险区域;(4)只在AC端或BD端设置红外感应限位器,当人员出现在安装限位两侧时能够感应并发挥作用,但当人员出现在未安装限位两侧时无法发挥作用,无备用应急措施,会撞上同运行方向的止挡);因此当出现人员侵入门式起重机运行危险区域时(如未装设红外感应限位器或者仅安装一套红外感应限位器或机械式限位器时)无法满足安全冗余,可能会造成该方向对人员的挤压和撞击。 2. 场地因素: 房屋市政工程由于场地狭窄,环境复杂,很难完全避免交叉作业的环境。在安装有护栏的情况下,考虑安全冗余如果仅在运行方向一侧装设行程限位器,当有物品(车辆或堆放障碍物)侵入门式起重机运行危险区域两侧前未接触碰尺,机械式限位器无法发挥作用,需要红外感应限位器来感知物体并切断动力源,因此需要在双轨道两侧都安装有机械式限位器跟红外感应限位器。 3. 环境原因: 房屋市政工程使用的门式起重机通常为露天作业,由于长期风吹日晒雨淋,工作条件差,更容易造成行程限位失效,所以有必要在门式起重机大车运行方向两侧均装设双限位(机械式限位器+红外感应限位器),如果司机班前检查未发现一处安全装置失效时,还有另一处安全装置能够有效防止门式起重机轨道事故

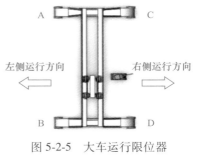

图5-2-5　大车运行限位器装设位置示意图

双轨道两端都设置大车运行限位的建议	相比机械式限位器,红外感应限位器同时具备机行程限位和检测障碍物的功能,由于大车运行方向两侧都存在司机视野盲区的危险区域,所以对门式起重机大车两端都要装设共四套红外感应限位器配合机械式限位器(简称大车运行"双限位")共同发生作用。 一是在大车运行距离内未触发机械式限位器,红外感应限位器感知人和物(车辆或堆放障碍物)时能够使大车及时停止;二是增加安全冗余,防止门式起重机某一安全装置失效导致事故发生

5.3 基础设计宜考虑插销式地锚、牵缆式地锚和轨道梁同时浇筑

项目	5.3 基础设计宜考虑插销式地锚、牵缆式地锚和轨道梁同时浇筑
国内现状	目前房屋市政工程大多数门式起重机未考虑极端天气的抗风防滑措施。有一部分设置了防风措施,但是在考虑自身便捷的情况下,插销式地锚(图5-3-1)、牵缆式地锚(图5-3-2)未采用与轨道梁基础同时浇筑,而是采用膨胀螺栓现场钻孔制作,当遇到基础钢筋时需要重新选择钻孔位置,这不仅破坏了轨道梁基础强度,还影响插销式地锚、牵缆式地锚安装最优位置。 缆风绳和牵缆式地锚的区别:它们是起平衡、固定作用的绳索,通常缆风绳是在门式起重机上部设置,其与水平面夹角宜在45°~60°,而牵缆式地锚通常设置在运行机构,由拉绳及地锚组成。地锚拉拔实验见图5-3-3。  图 5-3-1 插销式地锚  图 5-3-2 牵缆式地锚  图 5-3-3 地锚拉拔实验

185

分析原因	1. 当插销式地锚、牵缆式地锚未与轨道梁同时浇筑时,现场施工常采用地面取芯开孔的方式,经常出现取芯深度不足、地锚拉拔强度达不到要求,不但增加了施工工序时间,还会影响地锚的可靠性。 2. 牵缆式地锚未进行同步浇筑,通过后期钻孔安装会存在当遇到基础钢筋时需要避让,重新选择地锚位置,同时破坏了基础整体强度且需要进行拉拔试验,增加工序时长,影响地锚精度,地锚安装过程中禁止使用螺纹钢,按照厂家说明书要求制作。 3. 基础设计采取地锚与轨道梁同时浇筑时混凝土强度要≥C30,这样能够保证整体的稳固性
抗风等级 指标	按照起重机的技术性能和安全规范规定,6 级以下为工作风压 $q = 250N/m^2$,起重机能正常工作,超过 6 级风则停止作业,在非工作状态下(6 级风以上)台风来临时,需要做好防范措施,依靠起重机的自重采取相应措施,如夹轨器、铁鞋、地锚、沙袋、端部止挡、缆风绳等。 在静止非工作状态下对门式起重机进行抗风防滑计算以及抗风倾覆计算、抗风计算举例: 1. 挡风面积选取计算,考虑到门式起重机抗风能力的最不利因素并根据门式起重机总图分析得:下图所示为本门式起重机抗风载荷最不利一面,即迎风最大面,此时起重机承受风压最大。 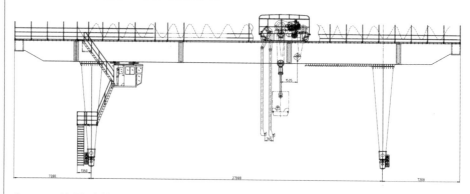 由 CAD 软件计算出此平面面积总和 $A1 = 135m^2$,即前片面积。根据该型号起重机结构外形尺寸,查《起重机设计手册》表 1-3-16 得:后片挡风折减系数:由此得前、后的实际挡风面积为:另爬梯、栏杆、电气等部分的挡风面积总和预估 $20m^2$,所以横向挡风面积为:$A = A2 + 20 = 162 + 20 = 182m^2$。风载荷计算:以 10 级风,风速为 35.8m/s 为计算基础,查《起重机设计手册》表 1-3-11 得非工作状态计算风压:$q = 1000N/m^2$,得出风载荷即:$F1 = qA = 1000 \times 182 = 182000N$。 2. 抗风防滑计数,沿轨道方向,整机靠整机静摩擦力与夹轨器静摩擦力保持设备水平方向保持平衡:整机设备自重:$G \approx 135t$;夹轨器钳头夹紧力:$P = 30kN$,共 4 个夹轨器;静摩擦系数:$\lambda1 = 0.1$ 夹轨器与轨道之间的静摩擦系数:

抗风等级 指标	$\lambda 2 = 0.25$；抗滑系数：$n \geqslant 1.5$；夹轨器产生的静摩擦力：$F2 = \lambda 2 \times P \times 4 = 0.25 \times 30000 \times 4 = 30000 \text{N}$；设备自重产生的静摩擦力：$F3 = \lambda 1 \times G = 0.1 \times 1350000 = 135000 \text{N}$；由于风载荷 $F1$ 大于静摩擦力之和，现需在两端加设缆风绳以确保整机在非工作状态下发生滑移；缆风绳加设方法如下： 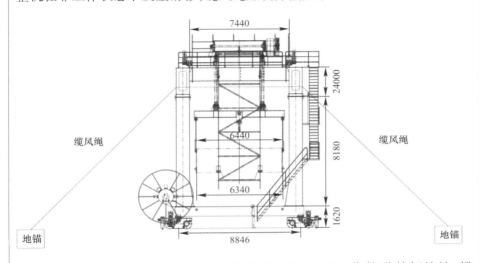 缆风绳与地面呈 45°，与轨道成小角度偏角（0°～10°），靠轨道外侧栓接；缆风绳拉力：$F4$；缆风绳水平方向分力：$F5 = F4 \times \cos 45°$，抗滑系数：$n = (F2 + F3 + F5)/F1 \geqslant 1.5$，得出：$F4 \geqslant (1.5 \times F1 - F2 - F3) \times 1.41 = 138180 \text{N}$，竖直向上力 $F6 = F4/\cos 45 = 97708 \text{N}$，单个螺栓需要 $F7 \geqslant F6/6 = 97708/6 = 16284.67 \text{N}$，得出：每个螺栓抗拔力 $>F7$，能够满足要求。 3. 门式起重机抗倾覆计算，考虑门式起重机稳定性，现对门式起重机轨道车轮处取矩，验证风载荷对整机倾覆的影响；整机自重中心距倾覆点相对距离：$L1 = 5.02 \text{m}$；自重的稳定力矩：$M1 = G \times L1 = 1350000 \times 5.02 = 7279000 \text{N} \cdot \text{m}$；风载荷 $F1$ 距倾覆点相对距离：$L2 = 10.52 \text{m}$，风载荷产生的外力力矩：$M2 = F1 \times L2 = 182000 \times 10.52 = 1964140 \text{N} \cdot \text{m}$；由于稳定性安全系数 $S = M1/M2 = 7279000/1964140 = 3.7 > 1.8$；所以非工作状态下，在风载荷的作用下，整机不会发生倾覆。 4. 缆风绳强度计算与选取，缆风绳拉力：$F4 = 138180 \text{N}$；缆风绳安全系数：$n = (1770)/\{F4/(\pi \cdot (d/2)2)\} \geqslant 3.5$；拟选用抗拉强度为 1770MPa 的钢丝绳进行悬挂；钢丝绳直径：$d \geqslant 18.6 \text{mm}$；故选取规格 $6 \times 37 + 1770 - \phi 20 \text{mm}$ 的钢丝绳，长度为 20m；缆风绳对称拉紧；可采用 17t 卸扣进行缆风绳端部连接。 5. 地锚强度验算，小地锚与大地锚按照土建要求布置适量配筋，地锚连接处圆钢为 45# 钢热处理，地锚预埋设计深度为 2m。45# 钢切应力：圆钢所受切应力 $\tau = F4/[\pi \cdot (D/2)2]$，切应力安全系数 $[S] = [\tau]$Ⅲ$/\tau \geqslant 1.5$，连接处圆钢直径 $D \geqslant 41.2 \text{mm}$，连接处圆钢选用直径为 42mm。

抗风等级指标	6. 起重小车抗风载计算,由于门式起重机小车雨篷整体性较好,现需额外计算风载荷时小车的抗风能力:小车整体自重 $Gx = 30t$,静摩擦系数 $\lambda 1 = 0.1$,小车自重产生的静摩擦力 $F6 = 30000N$;小车雨篷(包含小车架及相关吊具)整体最大迎风面积为 $22m^2$,最大风压 $P = 1000N/m^2$,$F = 22 \times 1000 = 22000N$,抗滑系数 $[S] = 30000/22000 = 1.36 > 1.5$,遇大风时,可悬挂 5t 重物至吊钩处,可防止小车发生滑移。
	7. 起重小车抗风载计算,由于门式起重机小车雨篷整体性较好,现需额外计算风载荷时小车的抗风能力:小车整体自重 $Gx = 30t$,静摩擦系数 $\lambda 1 = 0.1$,小车自重产生的静摩擦力 $F6 = 30000N$;小车雨篷(包含小车架及相关吊具)整体最大迎风面积为 $22m^2$,最大风压 $P = 1000N/m^2$,$F = 22 \times 1000 = 22000N$,抗滑系数 $[S] = 30000/22000 = 1.36 > 1.5$,遇大风时,可悬挂 5t 重物至吊钩处,可防止小车发生滑移
采取措施	1. 门式起重机基础设计时,方案中宜体现插销地锚、牵缆式地锚(固定方式)的位置示意图,插销孔内壁采用预埋 PVC 管或钢管进行加固,在混凝土浇筑时应对插销式地锚预埋管、牵缆式地锚及轨道梁进行同时浇筑。 2. 插销式地锚应由门式起重机制造商设计制造。使用单位需增加插销式地锚装置作为门式起重机防风措施时,应有设计文件及制造加工工艺说明,并经原制造商确认,方可自行加工、安装插销式地锚。原制造商的确认文件应作为插销式地锚的验收依据之一。 3. 牵缆式地锚由拉绳及地锚组成,门式起重机制造商提供的《产品使用说明书》应说明牵缆式地锚的规格、拉结方式及拉结点,且拉绳及地锚的受力计算满足深圳市建筑起重机械计算风压。 4. 门式起重机在限定的场地内运行,应设置停机线、停机位标识牌,停机线应用黄黑相间的警示色进行标示。门式起重机位于停机线时,其倾覆范围应避开板房、仓库等临时设施。 5. 当风力超过 6 级时接到当地大风预警需立刻停止作业,大小车回到停机位置;主钩升至最高位置下 2m 左右,将各手柄置于零位,并关闭总电源,关好驾驶室、机房、主梁通道,上(下)小车的门窗平时必须关闭;切断电源,插好锚定销,夹紧夹轨器,大车运行车轮下塞好木楔或铁鞋及沙袋;两侧拉好缆风绳,应对大风情况

5.4 门式起重机爬梯存在问题的探讨

项目	5.4 门式起重机爬梯存在问题的探讨
基本情况	地铁施工中的双梁门式起重机上下扶梯设置一般分为两种情况： 1.门式起重机扶梯设置在支腿外侧(图5-4-1),贴近施工便道,并在门式起重机运行区域与施工便道之间设置封闭防护(图5-4-2); 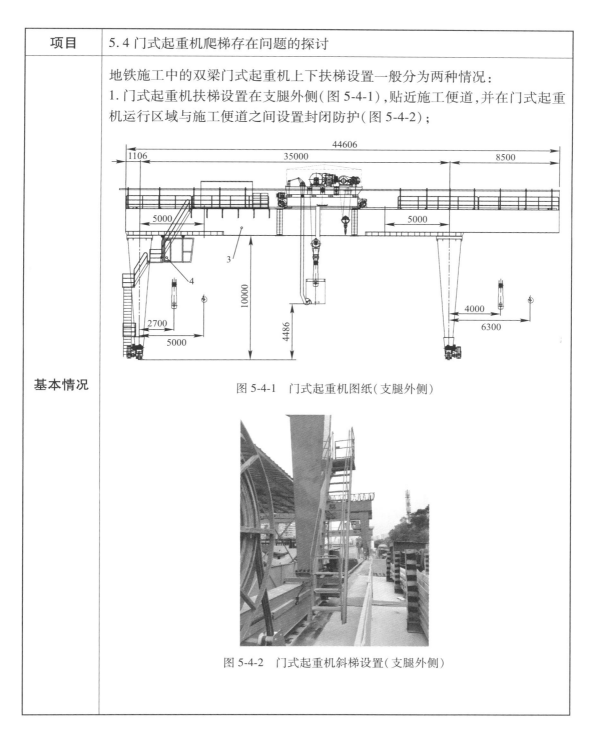 图 5-4-1　门式起重机图纸(支腿外侧) 图 5-4-2　门式起重机斜梯设置(支腿外侧)

基本情况	2. 门式起重机将扶梯结构设置于支腿内侧,因场地限制,较多存在扶梯入口过高的问题(图 5-4-3、图 5-4-4)   　　图 5-4-3　门式起重机斜梯设置　　　　图 5-4-4　门式起重机斜梯设置 　　　　　　　（支腿内侧）　　　　　　　　　　　　（支腿外侧）
分析原因	调研发现,施工现场门式起重机扶梯安装在支腿内侧的情况(上述情形 2)较为少见。查阅《通用门式起重机》GB/T 14406—2011 等有关规范,对于扶梯安装位置及入口高度无明确的规定要求,但经分析发现,门式起重机上下扶梯安装在支腿内侧存在以下问题: 1. 门式起重机吊具装置运行时可碰撞到扶梯结构(图 5-4-5),造成扶梯结构损坏,甚至发生人员机械伤害事故; 2. 地铁施工项目的门式起重机通常安装在工作井口上方(图 5-4-6),扶梯的螺栓松动,上下人员携带的工具、材料坠落,可对井下作业人员造成物体打击事故; 3. 操作人员需穿越轨行区上下门机,易造成机械伤害事故; 4. 相关人员如违规在井口附近上下门式起重机,存在高处坠落风险; 5. 门式起重机登机门高度不足,无关人员易擅自翻越护栏  斜梯结构紧邻吊具装置 图 5-4-5　设置在支腿内侧的斜梯结构紧邻吊具装置

分析原因	 图 5-4-6 安装在基坑扩大端的门式起重机
采取措施	针对以上分析,建议相关措施如下: 1. 调整扶梯位置 在门式起重机选型阶段,结合作业环境需求,选择扶梯结构位于支腿外侧的门式起重机。 2. 增加安全距离 调整门式起重机小车运行行程限位器(扶梯方向),保证吊具与斜梯之间的安全距离,防止作业过程中吊物碰撞扶梯结构。 3. 加强作业人员管理 加强对安装、维护保养作业人员交底,要求随身工具必须放入工具包内,作业过程中不得随意将工具放置梯级踏板、平台上;作业人员必须在地面指定安全区域上下扶梯;扶梯区域设置如"禁止翻越""禁止攀爬"等安全标识。 4. 增加防护措施 在不影响井口吊装作业的前提下,在钢箱梁井口位置增加悬挑防坠网

5.5　场地受限时安装门式起重机支腿的临时固定措施

项目	5.5 场地受限时安装门式起重机支腿的临时固定措施
支腿临时固定的重要性	门式起重机安装一般是从下往上，安装顺序大致为：大车运行机构→支腿→主梁→上横梁→小车。当安装到支腿时，需要对其进行临时固定。因为此时主梁尚未安装，支腿未能与主梁形成稳定结构，如果不对支腿进行临时固定，容易引起倾覆事故（图 5-5-1）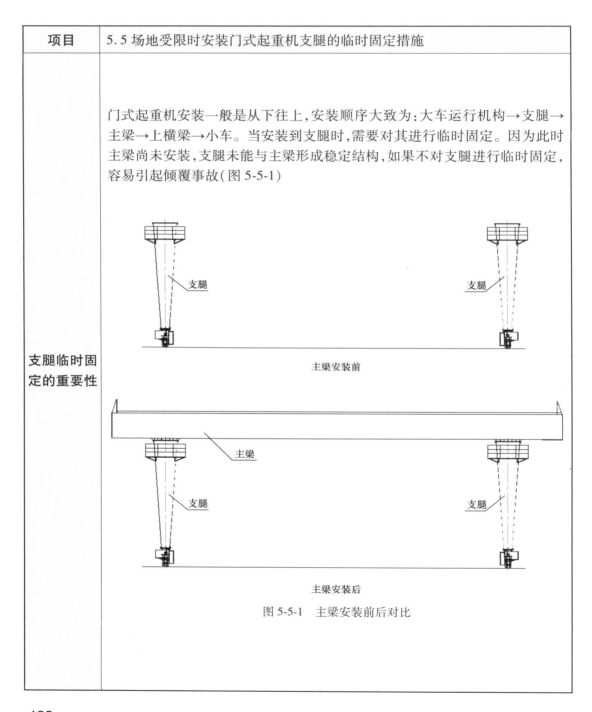 图 5-5-1　主梁安装前后对比

|常见的支腿
固定措施|

地锚加缆风绳是比较常见的支腿固定措施：采用钢丝绳作缆风绳，支腿上端焊接有挂绳拉耳，缆风绳和支腿采用 U 形卸扣连接，缆风绳与地锚采用手拉葫芦连接，手拉葫芦一侧勾住地锚，另一侧与缆风绳连接，可通过调节手拉葫芦来控制支腿的垂直度（图 5-5-2、图 5-5-3）

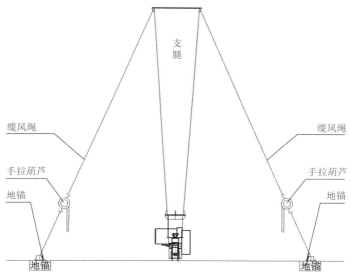

图 5-5-2　地锚缆风绳固定

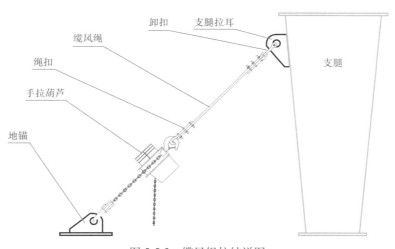

图 5-5-3　缆风绳拉结详图

分析原因 (场地受限)	场地受限又分为外侧受限和内侧受限。比较常见的是外侧受限,当门式起重机轨道紧贴工地围挡设置时,轨道外侧拉缆风绳就会受到限制;根据工地现状的不同,工地外侧可能会是公路(图 5-5-4)、公园、社区、沟壑等各种情况;轨道内侧受限一般是根据工程进展需要安装门式起重机,轨道内侧尚未进行回填,无法拉设缆风绳和其他固定措施  <div align="center">图 5-5-4　轨道一侧紧靠公路</div>
采取措施 (场地受限)	1. 内侧受限 内侧受限通常会采用外侧支撑法(图 5-5-5)和内侧缆风绳对拉法(图 5-5-6)来解决。外侧支撑法一般是在跨度外侧设置钢支撑,内侧不进行任何设置,钢支撑一般采用圆管制作,上端与支腿连接,下端与地锚连接,一些钢支撑可通过螺杆丝杠来调节支腿的垂直度。此时钢支撑与支腿呈现三角稳定结构,支腿向内外两个方向都不会倾覆。  图 5-5-5　外侧支撑法 内侧缆风绳对拉法是指在轨道梁(或地梁墙)上设置地锚,缆风绳互相交叉拉结的固定方式(图 5-5-6)。

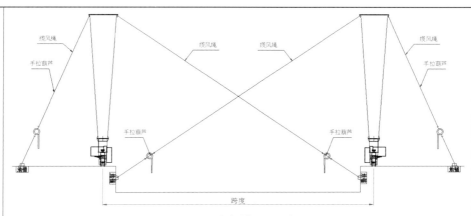

图 5-5-6　内侧缆风绳对拉法

2. 外侧受限

外侧受限时,通常会采用内侧支撑法(图 5-5-7)和外侧配重缆风绳法(图 5-5-8)来应对。内侧支撑法是在跨度内侧设置钢支撑,外侧不进行任何设置,钢支撑的设置方式与外侧支撑法一样;外侧配重缆风绳法是在跨度外侧放置配重来替代地锚,把缆风绳拉在配重上的支腿固定方法。该方法需要两个前提条件,一是配重的重量要达到要求(具体重量以计算为准),二是外侧场地具有放置配重的条件,如需占道,需向交管部门申请办理相关手续

采取措施
(场地受限)

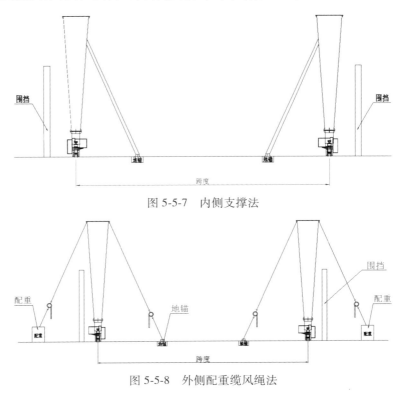

图 5-5-7　内侧支撑法

图 5-5-8　外侧配重缆风绳法

采取措施 （铰接钢 支撑法）	在场地受限时,钢支撑法是比较方便实用的方法,而铰接钢支撑法(图 5-5-9)又是钢支撑法当中较为实用的方式之一。铰接钢支撑法采用钢管作为支撑,支腿上端焊接有连接拉耳,钢支撑与支腿采用插销连接,钢支撑与地锚也采用插销连接,钢支撑两端分别设置丝杠,可转动丝杠来调节支腿的垂直度(图 5-5-9) 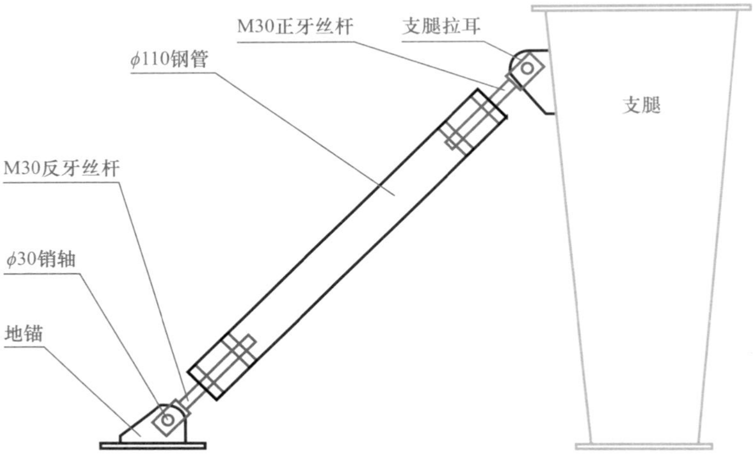 图 5-5-9　铰接钢支撑连接图